人生がキラめく
靴選び

ストレスなく歩ける! スタイルも整う!!

足と靴の健康を科学する マイシューズストーリー代表
保健学博士
森 千秋

河出書房新社

「靴難民」が靴人間工学を学び、足と靴のエキスパートになるまで

——ちょっと長めの前書き

◉9割の人は靴選びを間違えている

はじめまして。この本を手に取ってくださってありがとうございます！

まずは自己紹介をさせてください。私は静岡市で、「足と靴の健康を科学する マイシューズストーリー」の代表をしながら、靴が合わないなどの悩みを持つ方に向けてインソール（中敷き）や靴の作製・販売を行なっています。２０１４年には一般社団法人日本靴育協会を設立、靴から健康を考える靴教育「靴育」を広める活動もしています。

しかし、40歳までは、靴の専門家ではなく、ましてや人に教えたこともなく、父の経営するスポーツ用品店で働く会社員でした。しかも、難病の潰瘍性大腸炎を発症して投薬治療のために体重が激増、膝を痛め、普通に歩くことすら難しい状況にありました。

そんな私が、一足の靴との出会いから足と靴の関係に興味を持ち、インソールを作る資格を取得、これまでに1万人以上の方の「足と靴のお悩み」に応えてきました。そのなかで確信したのは、

「9割の人が靴選びを間違えている」

ということ。さらに、

「オーバーサイズの靴を履いている人ほど、足の変形や痛みが多い。着地時に靴の中でカカトが動くため、歩行姿勢などが崩れて膝や腰、足先の負担が増し、痛みや変形を招くのではないか」

と考えるにいたります。この仮説を裏付けたくなり、一念発起（いちねんほっき）して新潟医療福祉大学大学院を受験。以来、靴人間工学を専攻して実践経験を数値化し、科学的根拠に基づく「靴の選び方・履き方」を追究してきました。

なぜ、そこまで靴にのめり込んだのか。先ほど「一足の靴との出会いから」と書きましたが、何を隠そう、私こそが「靴難民」だったからです。

◉病気がきっかけで、ついに歩行が困難に

潰瘍性大腸炎を発症したのは25歳ごろのことでした。安倍晋三前首相の罹患（りかん）で周知が進

んだ難病です。

激しい腹痛と下血（げけつ）が日常的になり、治したい一心でさまざまな本を読み漁（あさ）りましたが、難病だけあってこれといった必殺技は記されていません。そんなあるとき、病気とは関係のない「体温を上げてがんを治した」という本を手にします。

「体温。もしかしたらこれかもしれない……」

体温を上げるなら運動です。私はさっそく、ウォーキングを始めました。

しかし、病気になってからというもの、投薬の副作用で、私の体重は80kgを超えていました。さらに歩き方が悪いのか、靴が合わないのか、膝の痛みが悪化。あっという間に左膝の半月板（はんげつばん）を断裂してしまいます。

「どうして私だけ、いつも靴が合わないのだろうか？」

みんなスタスタ何の問題もなく歩いているというのに、小さいころから靴が合わないことが多く、ずっと疑問でした。どこの靴屋さんを訪ねても「あなたみたいな足は、どの靴も合わない」と言われます。

オーダーメイドもダメ、病院もダメ、外反母趾（がいはんぼし）グッズもダメ。「もうウォーキングなんて二度とやるものか！」と決めた矢先、1足の靴との出会いが待っていました。

◉人生を変えた一足の靴との出会い

ふと立ち寄ったスポーツメーカーの展示会場の「ウォーキングシューズコーナー」で、見るともなく靴を眺めていたそのとき、「膝が痛いんですか？」と知らないおじさんに話しかけられたのです。

「なぜ膝が痛いことがわかるのだろう？」

おじさんに言われるまま、足を測り、靴を選んでもらい、中敷きを変えて、靴ひもを丁寧に結んでもらい、椅子（いす）から立ち上がりました。その瞬間、足が突然軽くなったのです。さっきまで引きずるように歩いていた足が、嘘（うそ）みたいに軽い。まるで、

「クララが立った！」

そんな感覚です。痛みがゼロになったわけではないけれど、確実に半分以下になっていました。

そこからは質問攻めです。自分が履いていた靴と何が違うのか？　サイズはなぜいつも履いている靴より2サイズも小さいのか？　この中敷きにはどんな機能があるのか？　それはなぜこの形なのか？　靴ひもは毎回結び直すのか？　どんな勉強をどこでされたのか、などなど……。

後でわかったことですが、その「おじさん」は、五輪選手の靴を手がける業界でも有名

なインソール素材の専門家でした。

そこからの行動は我ながら早かった（笑）。感動冷めやらぬうちに講習会に参加し、インソールを作ることができるライセンスを取得、家族やスタッフの足を練習台にとにかく測り、仕事が終わってから毎晩インソールを作りました。そして1か月後、勤務先の店舗の片隅に「ウォーキングシューズコーナー」を開設したのでした。

◉初めての接客で得た確信

開店初日、初めて声を掛けたご夫婦が私の靴を見て「その靴いいね」と購入を希望、さらにインソールも作ってほしいと依頼されます。初めて声を掛けた一組目の方からのご依頼。しかもインソールとフルセットで2名様分。

冷や汗・脇汗をぐっしょりとかきながら、私が体験した「あの方法」通りに接客しました。足を測り、計測結果を説明し、靴を選択、インソールを作成し、最後にしっかりと靴ひもを結びました。すると……。

「全然違う！　こういう歩きやすい靴が欲しかったのよ。私、タコや魚の目が悩みだったんだけど、全然当たらなくていいわね！」

決して安いお値段ではありません。あまりにすんなりと売れてしまって、驚いたのは私のほうでした。初日だけで合計4名様に6足が売れたのです。

「誰にも足の悩みがある！　相談できる場所がなかっただけなんだ。足を測って靴を正しいサイズにするだけで、こんなにも効果があるんだ」

こうして私は「足と靴のお悩み相談室」の看板を掲げ、活動を開始。靴のチカラにのめり込んでいくのです。

◉第二の出会いで一念発起、大学院受験を目指す

不思議なことに、膝の痛みはすっかり影を潜め、気がついたら開店3か月で体重は7～8kg減。久しぶりに乗った体重計を何度も確認してしまいました。さらに、病気のために8時間勤務が難しかった私が残業をしています。

「これって元気になっているのでは？」

私の変化に最初に気がついたのは、常連のお客様たちでした。

「千秋さん、この前よりも痩せたんじゃない？　何かすごくイキイキしているね！」

どんどん変わっていく私の姿は、とても説得力がありました。

私がやったことは、靴サイズをダウンして、インソールを作って、しっかり靴ひもを結んだだけ。それなのに、どんどん歩けるし、活動量が増えます。以前は35℃台だった体温が、36℃半ばまで上昇していました。

ちょうどそのころ、足だけではなく「体の痛みを改善したい」というご相談が多くなってきます。そこで、「歩きのどのフェーズ（相）で、最も負荷がかかっているか」がわかればもっと対策ができるはずだと考え、自分が朝起きて寝るまでの活動時間、どんな靴を履いて、どんな姿勢・歩き方をしているかを記録することにしました。

立つ・歩く・座る・走る・そして寝る、すべての姿勢に意味があるのではないか――そう考えて、骨の配置や体の形に注目しました。すると、1か月に1～2kgのペースで体重が面白いように落ちていき、結果、2年で20kg以上体重が減少したのです。

「もしかしたら、姿勢は骨の配置、歩き方はその時間的・空間的配列で決まるのではないか」

これを基に、私は、足・靴・歩行における、①足計測、②歩行分析、③運動指導という独自のメソッド「フットカウンセリング」を確立します。

しかし、これは独自のメソッドにすぎません。これが本当に正しいのかどうかを確かめたい。そう考えていた矢先、「外反母趾(がいはんぼし)のための靴選び」というイベントで、第二の運命の出会いを果たすことになります。

そのイベントの講師こそが、その後進学することになる、新潟医療福祉大学大学院の阿部薫(あべかおる)先生でした。講座後、つたない自身の啓発活動を先生に話すと、

「それなら、研究という道があるよ」

とアドバイスされ、これがきっかけで大学院受験を決意します。

◉手っ取り早く健康になれる靴の選び方とは

無事合格したものの、入学後は決して平坦な道のりではありませんでした。

専攻した靴人間工学とは、一言でいうと「沼のような学問」。靴は被服(ひふく)にカテゴライズされますが、衣服とは違い、その自由度はあまりに狭く、1㎜の違いが履き心地や身体機能を左右します。

私たちが身に着けるアイテムの中で、靴は最もその適合が難しいとされています。「靴の研究は、まるで泥沼に足を突っ込んでいくようなもので、どこまで突っ込んでも底に到達しない」と、形容されるほどです。

このようにとんでもない世界に飛び込んでしまったのですが、阿部先生をはじめ、多くの人たちに支えられ、あっという間の5年間が修了しました。

たまたま難病を患い、たまたま足に変形があり、たまたま半月板を断裂し、たまたま良い靴屋さんに出会わなかった。何度も悔しい思いをしたからこそ、「だったら私が、その道の専門家になる。これからは足・靴・歩行の総合専門家が社会に必要だ！」

そう父に宣言したあの日から、もう10年です。

私のように遠回りをせず、安全で確実な道を歩んでほしい。本書はそんな「手っ取り早く健康になれる靴の選び方」をお伝えします。それを簡単にいえば、次のようになります。

「年に1度足を測って適正サイズを知り、生活の7割をひも靴にして、毎回靴ひもを結ぶ。そうすれば9割以上の足機能は向上し、健康に近づく」

私が望むのは、いいお話だったね、という「承認」ではありません。

立ち上がって、靴ひもを結んで、外に出る、という皆さんの「行動」です。

歩くことが楽しくなると、いつもの景色が変わります。さあ、難しく考えないで一緒に歩きましょう！

森　千秋

人生がキラめく靴選び　もくじ

「靴難民」が靴人間工学を学び、足と靴のエキスパートになるまで――ちょっと長めの前書き

1章　まずは自分の足をよく観察しよう

2章 足の「正しい測り方」を知っていますか？

3章 人生がキラめく！「私に合う靴」の選び方

6章 「ルンルン歩き」ならゴキゲンな毎日に！

2　ルンルン歩きをやってみよう!

装幀◎こやまたかこ
カバーイラスト◎CHINATSU
本文イラスト◎青木宣人

1章

まずは自分の足をよく観察しよう

1　トラブルを招きやすい足の種類がある

◉足の基本構造はみんな同じ

本書を手にされている多くの方は、外反母趾（がいはんぼし）やタコ（胼胝（べんち））・魚の目（うおのめ）（鶏眼（けいがん））・巻き爪（まきづめ）などの足部疾患（そくぶしっかん）（足と靴のトラブル）や、膝（ひざ）や腰の痛みなどの運動器の疾患で悩んでいるのではないかと思います。

足は千差万別（せんさばんべつ）、ひとつとして同じ足はありません。普段から自分の足だけを見ていると気づきにくいですが、家族や友人と裸足（はだし）で比べてみてください。私たちはついつい見慣れている自身の足が「標準」と考えがちですが、その差に驚くはずです。

とはいえ、形は多少違っても、どんな人でも足の構造は同じです。

- 足部は細かい骨の集合体である
- 集合体を形成する骨組みは、3つのアーチによる三脚構造である
- 足の骨組みは、筋肉や靱帯（じんたい）、脂肪、血管などの軟部（なんぶ）組織によって支えられている

足の構造

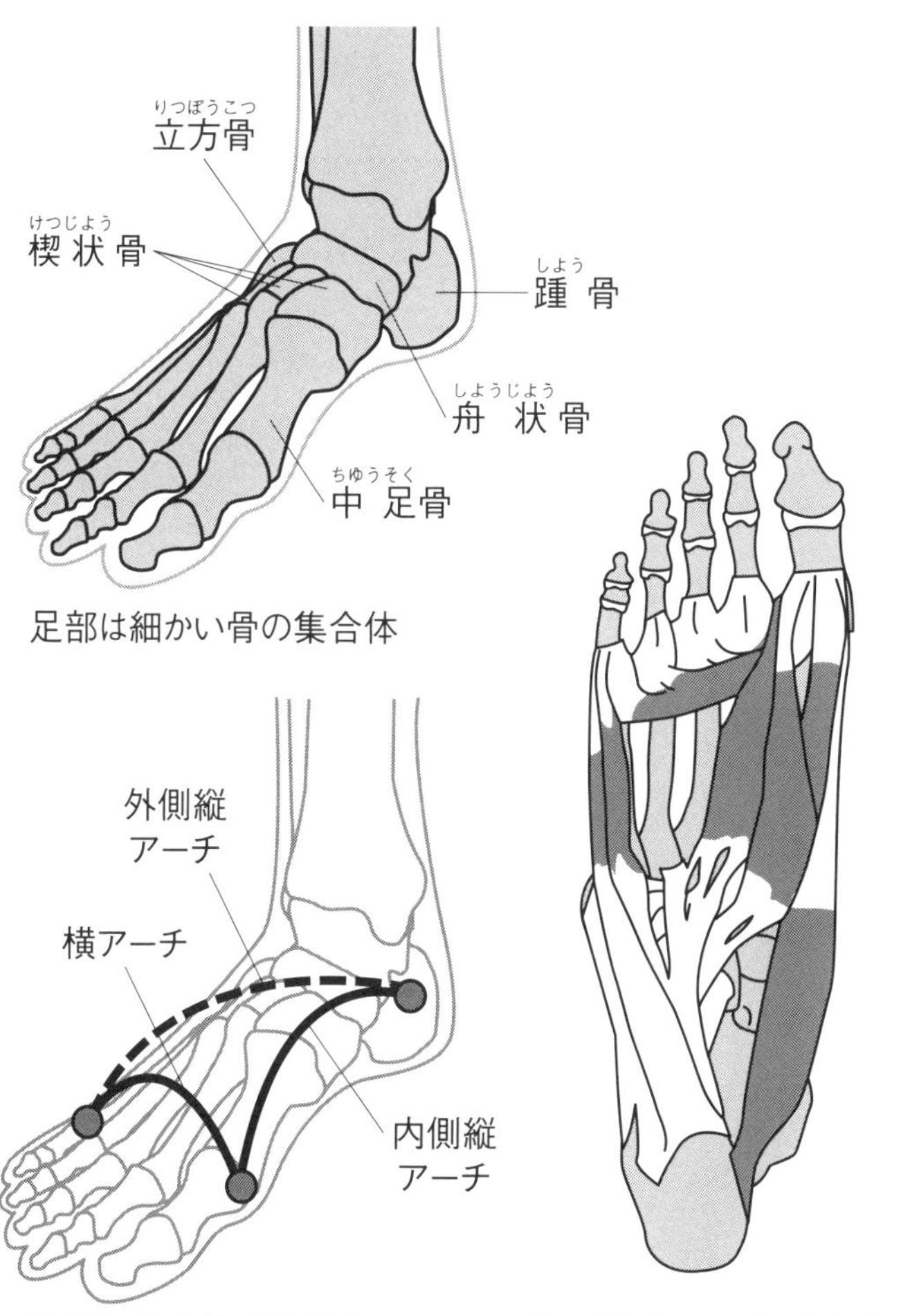

足部は細かい骨の集合体

足部の集合体を形成する骨組みは、3つのアーチによる三脚構造

足の骨組みは、筋肉や靱帯、脂肪、血管などの軟部組織で支えられている

「安定した」直立二足歩行は3つのアーチによる三脚構造によって成立しています。足部は体重を支え、推進(すいしん)力（前に進む力）を地面に伝える器官としてはたらきますが、そのときの「荷重(かじゅう)」（自身の体重が足にかかる力）によって、足の骨組みは常にその形を変えています。荷重は、主に姿勢や歩き方によって変化します。

足部はそうした個人独特の荷重具合に応じて、骨組みを決定していくのですが、正しく体を使わないと少しずつズレていきます。そのズレが徐々に足の変形、ゆがみ、痛みなどの足と靴のトラブルに発展していくのです。

ただ、正しい歩行ができていない人全員がトラブルに発展していくわけではありません。実はトラブルを抱えやすい「足の種類」が存在するのです。

◉足のトラブルになりやすい4つのタイプ

同じヒールパンプスを履いても、外反母趾になる人とならない人がいます。また、男性でヒールパンプスを履かないのに外反母趾になる人がいます。このように、持って生まれた足の性質によって、疾患となるかどうかの第一の分かれ道があるのです。

足と靴のトラブルに悩む足は、大きく4つのタイプに分けられます。

①かたい足
②やわらかい足
③あつい足
④うすい足

ここからは具体的に、4つの足の種類と特徴を説明していきましょう。

①かたい足

- 立ったときに足の形がつぶれにくい足
- 足関節がかたい足

足は荷重によって形を変えますが、かたい足は、骨組みの連結がしっかりしています。かたい足の代表で「ハイアーチ」と呼ばれる足は、土踏(つちふ)まずが高過ぎる（土踏まずの体積が多い）足です。標準的な足よりも少ない接地面積で体を支えているため、足裏の負担が増します。

遺伝性が強く、要因は複数ありますが、骨組みのしっかり度合いが強く、その形を維持する力に長(た)けている（足部剛性(ごうせい)が強い）のです。

「ハイアーチ」と聞くと何だかカッコいい感じがしますが、足部の剛性が強い＝しなやかさに欠ける足ともいえます。

つまり、衝撃吸収機能に欠けるので、靴選びを間違えると、何らかの外力によって他の運動器（腰や膝など）に負荷を与える可能性があります。

②やわらかい足

・立ったときに足の形がつぶれやすい足
・足関節がゆるい足
・土台がやわらかいので、いろいろな関節部分に悩みを起こしやすい

やわらかい足は、かたい足とは反対に骨組みの「つぶれ度合い」が大きく、歩行中のフェーズ（歩行の一部を切り取った部分的な相のこと）によって、特に足幅・足囲の寸法が大きく異なるタイプです。ちなみにわたしはこれに当てはまります。

やわらかい足は、足を空中に持ち上げたときの非荷重時と、歩行中、足に全体重がかかる荷重時との差異が大きいことが特徴で、別名「こんにゃく足」ともいわれています。これは足裏の軟部組織、つまり脂肪層に大きく影響されるのです。

やわらかい足(こんにゃく足)ほど伸縮性が高い

〈荷重時〉

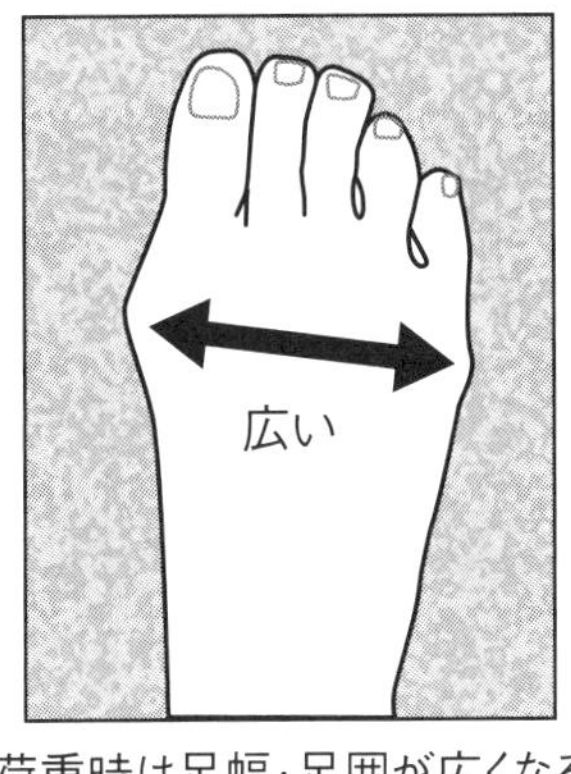

荷重時は足幅・足囲が広くなる

〈非荷重時〉

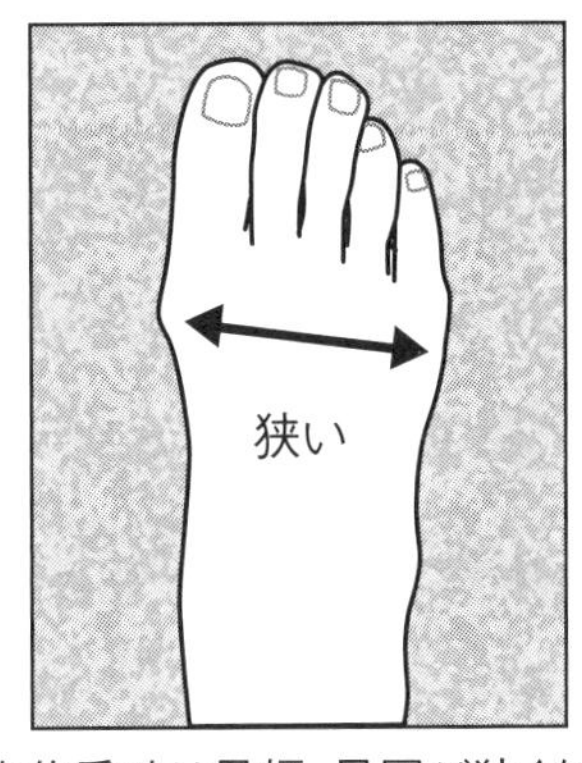

非荷重時は足幅・足囲が狭くなる

③あつい足

- 全体的に足があつい、甲が高い
- 足底の脂肪層が豊富
- タプタプした足なので、魚の目などとは無縁

よく、握手をしたときに「タプタプした気持ちのいい手」の人がいます。このタイプの人は、足と靴のトラブルにそこまで発展しにくい足です。この「タプタプ」は足の裏にも反映され、その弾力性のある肉質こそ、天然のインソールのようなはたらきをしているからです。

お肉たっぷりなので、あつい足を「タプタプ族」と私は呼んでいます。足裏は船底のような形をしている足もあり、そのお肉量ゆえに足ゆびは浮きやすく爪に影響が出る場合がありますが、土踏まずはつぶされにくく、ある程度保持されているため、外反母趾などの疾患にはつながりにくいというわけです。

つまりタプタプ族の足底は、衝撃吸収能力が高く、正常範囲を超えた歩行でも瞬時に荷重時のチカラを分散させることが得意なのです。

しかし、かえってそのお肉量が浮きゆびを促進(そくしん)し不安定要素となるため、姿勢や歩き方によっては膝や腰など他の運動器に影響を与えます。ここで重要なのは、足部の疾患と運動器の疾患は別モノだということです。

④うすい足

- 足裏のお肉がうすく、高さのないペッタリとした足
- 足幅の広い足もあれば、狭い足もある
- 骨と皮しかないようなタイプの足なので、親ゆび、小ゆび、カカトなど骨が出っ張っているところでトラブルが多い

つぶれ度が大きくやわらかい足は、「骨と皮だけで脂肪層はうすく、衝撃がダイレクトに骨に伝わりそうな」うすい足である場合がほとんどです。先述の「タプタプ族」に対し、こちらは「ホネカワ族」と呼んでいます。

各足に見られる足と靴のトラブルと特徴

【足と靴のトラブルと特徴】

①かたい足

【主な運動器の疾患や姿勢、歩き方】
肩こり、腰痛、頭痛、
音を立ててドンドン歩く、
歩行が不安定

【足と靴のトラブルと特徴】
ハイアーチ、
浮きゆび、ハンマートゥ、
爪の先が削られる、
開張足、横アーチ低下

②やわらかい足

【主な運動器の疾患や姿勢、歩き方】
猫背、反り腰、ペタペタ歩く、
捻挫しやすい、つっかかりやすい、
首のこり・肩こり、ストレートネック、
膝・腰・股関節痛

【足と靴のトラブルと特徴】
外反母趾、内反小趾、
タコ、浮きゆび、開張足、
巻き爪、魚の目、O脚、
X脚、甲が低い、扁平足、
踵骨外反、爪の変形

③あつい足

【足と靴のトラブルと特徴】
浮きゆび、甲が高い、
巻き爪、肥厚爪、O脚

【主な運動器の疾患や姿勢、歩き方】
後傾姿勢、腰痛、肩こり、
外股、ノシノシ歩く、左右ブレ、
膝が外を向く

④うすい足

【足と靴のトラブルと特徴】
外反母趾、内反小趾、
タコ、浮きゆび、魚の目、
細長い足、踵骨が小さい
踵骨外反、扁平足、
甲が低い

【主な運動器の疾患や姿勢、歩き方】
猫背、反り腰、腰痛、膝痛、
肩こり、ストレートネック、
偏頭痛、ペタペタ歩く、
首こり、つっかかりやすい

足ゆびの付け根やカカト下の脂肪層がうすく、足と靴のトラブルを誘発しやすい足で、ホネカワ族は、握手をしたときにゴツゴツした感じの印象を受けます。

私の足は、②のやわらかい足と、④のうすい足の混合タイプ。当店に見えるお客様の半分以上がこの混合タイプです。私は体全体的に皮膚がうすいからか、お尻は大きくても座骨と椅子の距離が近く感じます。また、顔の皮膚もうすく、血管が透けて赤みがかっているため、ファンデーションの消費も多いように感じます（笑）。

ここでいっている「お肉」とは、「軟部組織」のことです。軟部組織とは、筋肉や血管、腱、靭帯、神経などの体における骨以外の部分のことをいいます。私のこれまでの経験でハッキリ言えるのは、この軟部組織の量が足と靴のトラブルの発生に関係しているということです。

要するに、生まれ持った体質（軟部組織の量と質）によって外反母趾などの疾患になりやすい足と、そうでない足とに分かれるわけです。

また、親子で同じような症状を患っているケースをよく目にします。そういう方は歩き方も似ています。お互いを鏡として、話し方や振る舞い方が似ているのと同じで、姿勢や歩き方も似てくるのです。

2 カカトに注目するとわかる、靴選びのヒント

◉「足の幅」ではなく「カカト」で選ぶ

靴を選ぶとき何を基準にするべきなのか。私の結論は「靴はカカトに合わせて選ぼう」です。

皆さんは靴を選ぶとき、足の幅に合わせて選んでいませんか?

本書は**「靴選びはカカト選び。足の幅ではなく、カカトに合わせて選ぶといいですよ」**という本です。しかし、いきなり「カカトで選んで」といわれても、ちょっとよくわからないですよね。

靴選びの本質に迫るには、まずヒトの歩行を知ることが大切です。

直立二足歩行ができるのは、私たち人間だけです。ヒトと最も近縁(きんえん)であるチンパンジーでも、2本足だけでは生活できません。それほど、直立二足歩行は超高等技術なのです。

それを可能にしているのが、ヒトだけに与えられた「土踏まず」の存在です。この土踏まずは、カカトの骨が大きくなって、さらに傾斜(けいしゃ)したことによって形成されました。

ここがとても重要なところです。

ニホンザルとヒトの踵骨

〈ニホンザル〉

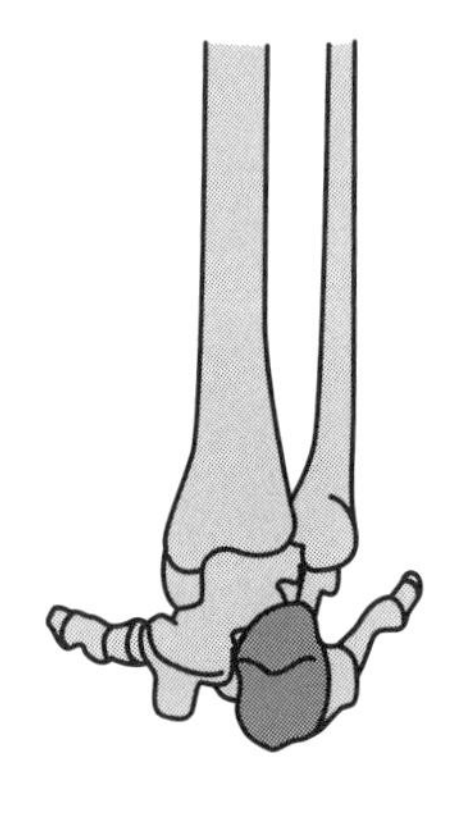

〈ヒト〉

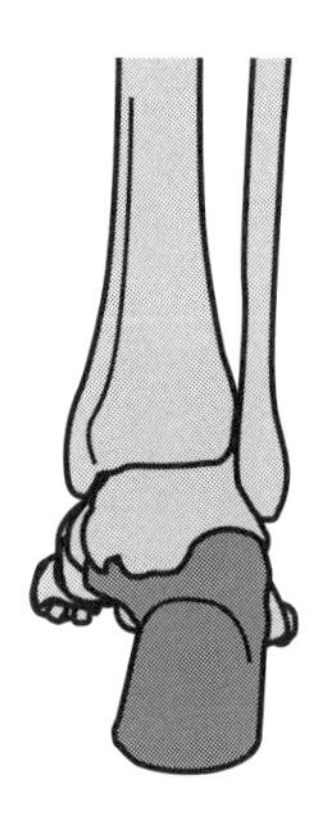

後面から見ると、明らかにヒトの「踵骨」のほうが大きい

上の図はニホンザルの足部のイラストです。ヒトと比べて、ニホンザルはカカト側の骨はとても小さいですね。私たちの土踏まずの始まりはカカトで、終わりは足ゆびの付け根です。そこの構造がまったく違います。

ヒトが現在の歩行になるまで、600万〜700万年かかったといわれています。四足歩行のニホンザルと、直立二足歩行のヒト。ヒトは2本足で立つという足構造になるため、最も変化した箇所は、カカトの骨「踵骨（しょうこつ）」です。

一番進化したところが、一番重要です。だから、靴選びもカカトが一番重要なのです。

物を摑めるサルの足・つかめないヒトの足

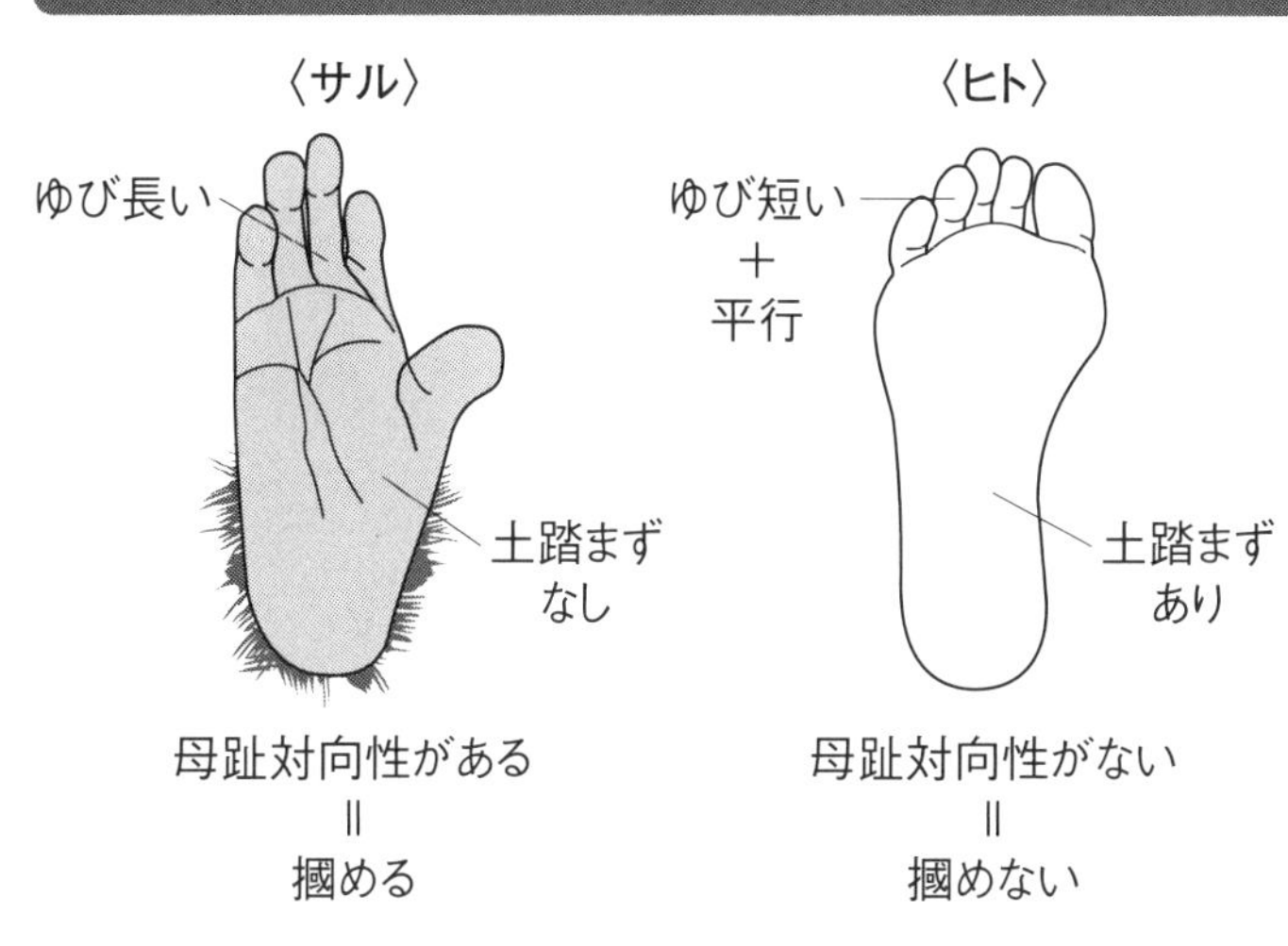

ヒトが歩くという機能を獲得するまでの間、何が起きたのか？　そこに着目することで靴選びのヒントが見えてきます。

◉サルはなぜ直立二足歩行ができないのか

手のゆびは「指」、足のゆびは「趾」と書きます。どちらも音読みは「シ」、訓読みは「ゆび」です。

ヒトの手のひらは平たく、指は長いため、どんな形状のものでも摑みやすく、扱いやすい便利な構造をしています。

一方、ヒトの足ゆびは短く、**5本ともほぼ平行**です。足裏には土踏まずがあり、足で何かを摑むという機能がありません。しかし、サルは手だけではなく、足にもその機能があります。

樹木の上で暮らすサルには足にも「木や枝を摑む」機能が必要です。しかし、陸上で暮らすヒトにとってそれは必要なく、細長い体を安定させる三脚機能が必要だったのです。

何かを摑むという動作は、必ず親指とその他の指が相対します。これを手なら母指対向性、足なら母趾対向性（読み方は同じ）といいます。

つまり、ヒトの足には母趾対向性はなく、サルには母趾対向性があるわけです。

- 母趾の対向性が失われ、直立した人類には、土踏まずが形成された
- 母趾の対向性を温存した四足歩行の動物には、土踏まずはない

類人猿と人類の大きな違いは「土踏まず」です。よって、土踏まずのないサルは直立二足歩行の生活は不可能なのです。

◉「土踏まず」があることで体は安定する！

直立しかけたころの人類は、移動や運搬距離を長く効率よくするための歩行として、いかに安全に重心を移動させるか？　が目下の課題となったはずです。

そこで編み出されたのが、足裏を3点で支持する足部アーチ構造「土踏まず」なのです。

では、先の「母趾対向性」と「土踏まず」の関係を解説しますね。イメージしやすいように、手で体験してみましょう。

【やってみよう】
①机などの平たいところに手を軽く置き、指と指の間をあけてパーを作る
②少しずつその間を狭めて、指同士が平行に近づくように引き寄せると……
③手の甲の真ん中がポコッとして、机と手のひらの間に隙間ができますね？

疑似的土踏まずの作り方

①手をパーにする

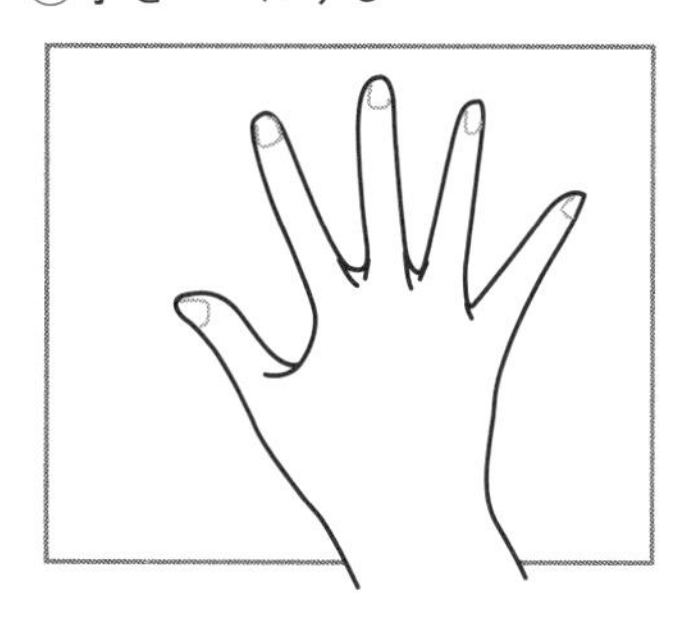

②指同士を平行に近づける

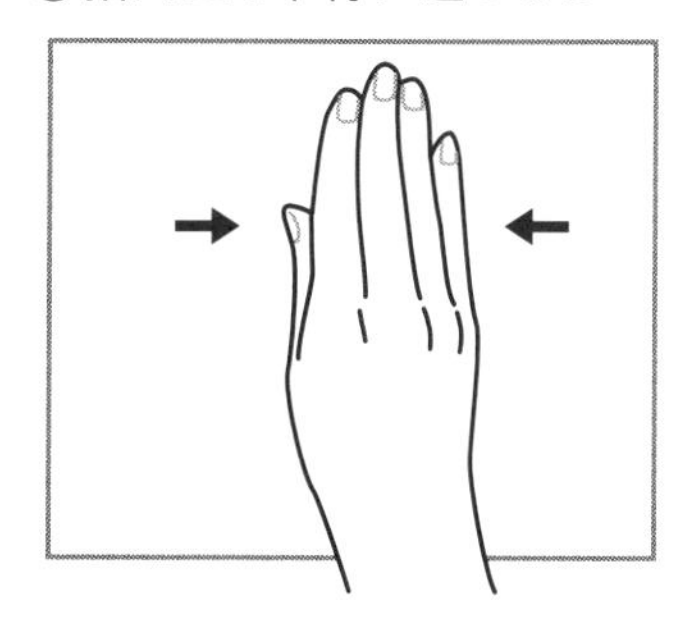

③疑似的土踏まずの完成
（②を横から見た図）

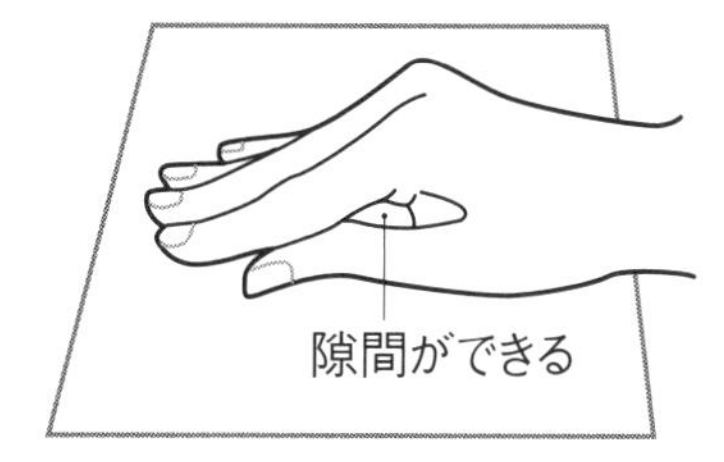

これが手による、「疑似的土踏まず」です。

このときの手を「足」に見立ててみてください。手首はカカトにあたります。机との固定感・安定感が増しますね。そして指先は当然足ゆびです。パーの状態よりも、机を押し返す力が増します。これが重要です。

机と手のひらの間にできた隙間＝土踏まずの役割を果たすため、指先が机の平面をしっかりとらえることができます。

手による「疑似的土踏まず」は、親指と、小指の付け根と、手首の3点で支持しています。例えば、折りたたみの4本脚のテーブルよりも、簡易的なカメラの三脚のほうがガタ動かないように、重心は3点で支持することで最も安定します。

ヒトは進化の過程で、このカカトの骨の大きさと形、そして角度を変えて足部アーチ構造「土踏まず」をつくりだしました。

現代人の足は、この足ゆびが床を押し返す力が低下しています。足のゆびの腹に体重がのらないまま、次の足が出てしまう歩行を繰り返すと脚力はもちろん、ほかの運動器にも影響します。この「浮きゆび」の足をたくさん見かけますが、これはアーチ構造に何らかの問題・課題を含んでおり、現代人の歩行を反映しています。

横アーチが崩れた「開張足」

〈健康的な足〉

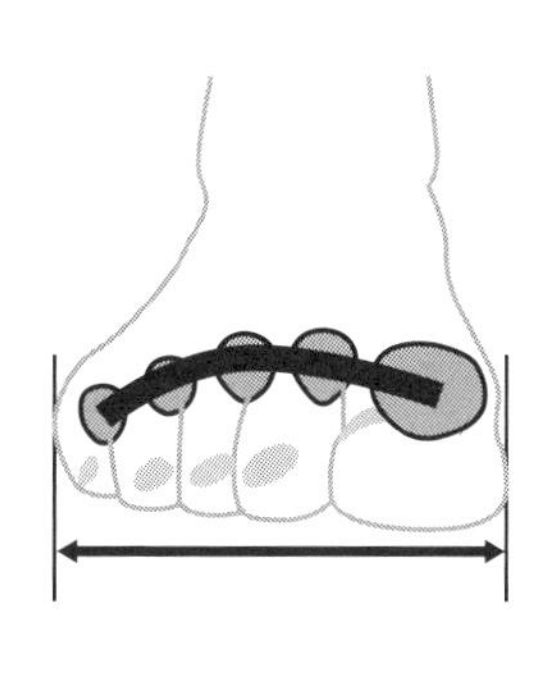

〈横アーチが低下した足〉

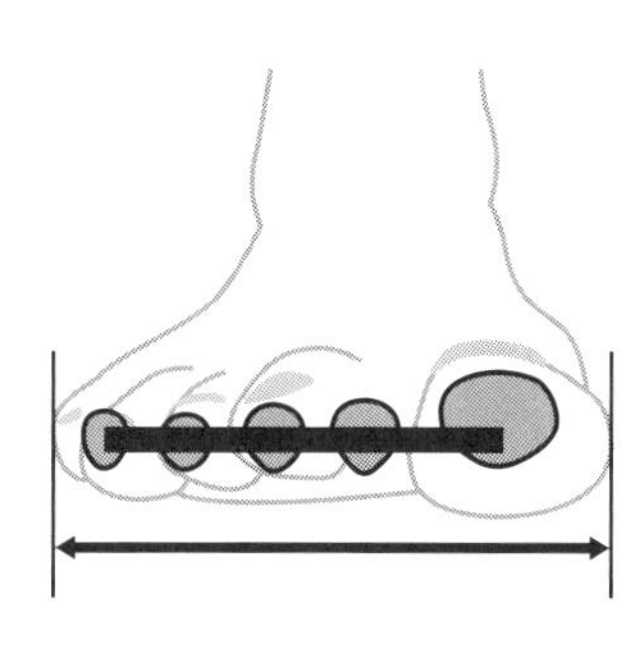

◉トラブルの第一の原因は「浮きゆび」

足の4つのタイプに共通する、足と靴のトラブルの第一原因があります。

それはズバリ「浮きゆび」です。

「最近足の裏がずっと痛いの。タコはできるし、足が大きくなったようにも思うし、大きな靴に替えたけど、痛みが治まらないわ」（60代・女性）

このタコは「開張足」によるタコですね。以前はそうでなかったのに、50代以降になると、かなり足裏事情は変わってきます。足が痛い・大きくなったと感じる理由として、足底腱膜（親ゆびを上にあげると踵骨から足ゆびへ広がる筋状の腱）やふくらはぎなど筋力的な部分の変化やO脚や膝など骨格のアライメント（骨の配列）の変化、加齢による足裏の脂肪層の減少などが挙げられます。

「浮きゆび」かんたんチェック！

①ふたりで行なう
②立っている人の足ゆびに、もうひとりが紙1枚を回しながら差し込む
→足ゆびの一部に紙が入り込めば浮きゆびの可能性あり
※このとき、立っている人は下を向かないように

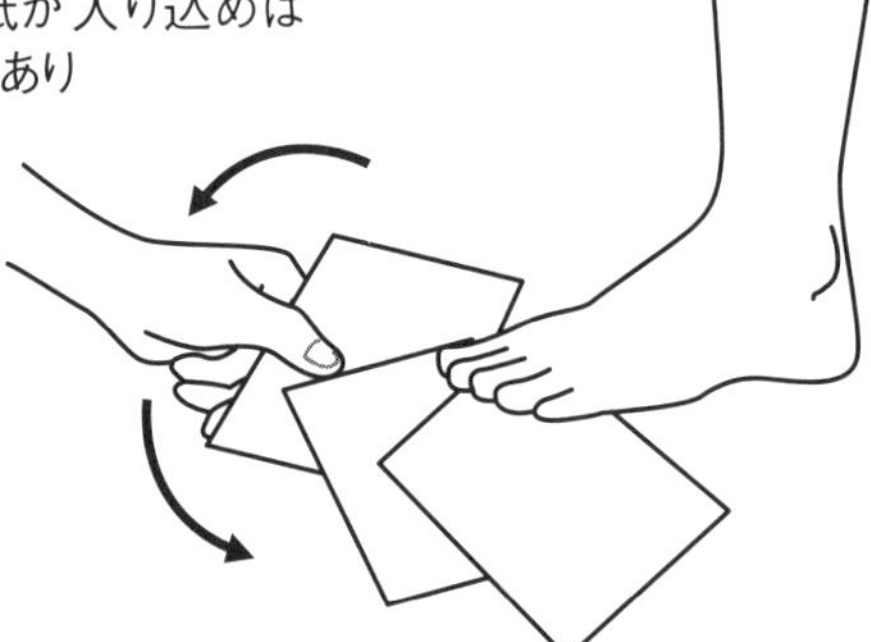

こちらの60代女性のようなケースは、**足ゆびが床につく時間が圧倒的に少ない**ことが多いです。立ったとき、誰でも足ゆびは床についていると思い込んでいますが、それは違います。なんと、8割以上の方にこの浮きゆび現象が見受けられます。

まず、自分が浮きゆびかどうか、確認してみましょう（上図参照）。足・靴トラブルのみならず、体のどこかが痛い方はほとんどがこの「浮きゆび」に該当します。

立ってカカト側に体重をたくさんのせると、足ゆび側は浮きますよね。すると体が後ろにいかないように、頭を前に出しますね。このように体のパーツを出したり引っ込めたりして、バランスをとりますが、この凹凸（おうとつ）配列が膝・腰などの運動機能を奪っていきます。

浮きゆびをつくっているのは「カカト」です。正しくは「カカトの扱い方」です。

カカト時間が増えると「浮きゆび行きのバス」に乗っているようなものです。まだバス停にいる足は、そのバスに乗らないように！　そして乗っちゃっている足は、次の停留所で降りましょう。

「靴選びは、カカトから始まってカカトに終わる」

まずは、これを覚えておきましょう。

◉カカトに負担をかけるとアーチは低下する

例えば外反母趾の方の足で、浮きゆびでない足を探すことはとても難しいです。

タコ、魚の目も、内反小趾（ないはんしょうし）も、巻き爪も、ハンマートゥだってそう。足底腱膜炎（そくていけんまくえん）、踵骨棘（しょうこつきょく）、腰痛、膝痛、肩こりなど……挙げたらキリがありませんね。もはや浮きゆびは「足の現代病」です。

立ったり、座ったり、歩いたり。どんな動き・どんな姿勢でも、地球という重力下で生活する以上、足部アーチ構造はその影響を受けます。

例えば、体重60kgの女性が、椅子に座って仕事をしていたとします。

- 足を前に投げ出し、腕を机においてキーボード操作すると、足全体の重さ（体重の約30％、片足9kg）がカカトにのしかかる
- 会議中、右足を上にして足を組み、左の肘をついて話を聞くと、左足には右足の重さ（9kg）と、組まれたほうの足の重さの合計18kgの質量が左のカカトに集中する

このとき骨盤が傾いたり、ねじれていたりするので、姿勢は簡単に崩れます。私はこれを40歳までずっと続けていましたから、それはもう大変な体になりました。

では、何が悪かったのでしょう？　それはズバリ、足の裏です。

座っているときに、ふたつの足の裏が「部分的」にしか床面と接触していなかったことが原因です。

土踏まずの始まりはカカトの骨「踵骨」ですが、そこに1点集中するような体重のかけ方はNGだということです。また組まれたほうの足は内側に傾き、結果的に土踏まずはつぶされるようなポジションに入ります。

これは、座っているときの話です。ですから、立っているとき、歩いているときの土踏まずは、もっともっと影響を受けるのです。考えただけでもゾッとしますね……。

よく「地に足がつかない」といいます。

これは、落ち着かない様子、不安定な様子、冷静さを欠く様子のことです。しかし、床

に足裏全体をつけて座るだけで、体はフラフラしなくなります、背筋が伸びます。
体が安定すると、不思議と心が落ち着いて「物事に集中する」ことができるのです。集中とは「中に集める」と書きます。真ん中に力を集めると、安全に運動機能が発揮できる。そんなことも体は教えてくれるのです。

3 カカトを自由にさせるから足のトラブルが起きる！

◉事件＝外反母趾は、カカトで起きている

映画『踊る大捜査線』で主人公である湾岸署の青島刑事には、「事件は会議室で起きているんじゃない、現場で起きているんだ！」という名台詞（めいせりふ）があります。
外反母趾の足にも、まったく同じことがいえます。

「外反母趾は、親ゆびで起きているんじゃない、カカトで起きているんだ！」

外反母趾の犯行現場は親ゆびではなく、カカトで起きています。

「足と靴のトラブルの第一原因は浮きゆび」です。先述したように、ほとんどの方にこの症状が見られます。浮きゆびの原因は、カカトが次のように動くことから始まります。

足と靴の間に隙間があり、ピッタリくっついていない

←

体重はカカト側に移動する

←

足のゆびが上がる

←

結果、カカトが転がる

そうです、外反母趾気味の足に「とどめを刺す」のは、カカトの転がりなのです。カカトの骨が内側に倒れたり（外反）、外側に倒れたり（内反）します。

例えば、カカトの骨が「内倒れ」すると、3つのアーチのうち、内側のアーチがまずゆがみます。そのアーチの先には「母趾球」という外反母趾で一番出っ張ってしまうところがあります。ここに圧力がかかり、そこから先の親ゆびは浮きながら小ゆび側へ曲がる（外

外反母趾となる要因

①履き口がゆるいとカカトが靴の中で動く

②隙間の多い内側に足部が傾き、「内倒れ」が生じる

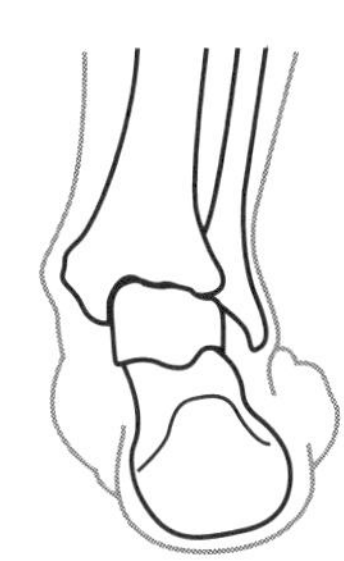

③十分な重心移動が行なわれず、アーチが低下し浮きゆびが起こる。そこから親ゆびが小ゆび側へ曲がって(外反して)いく

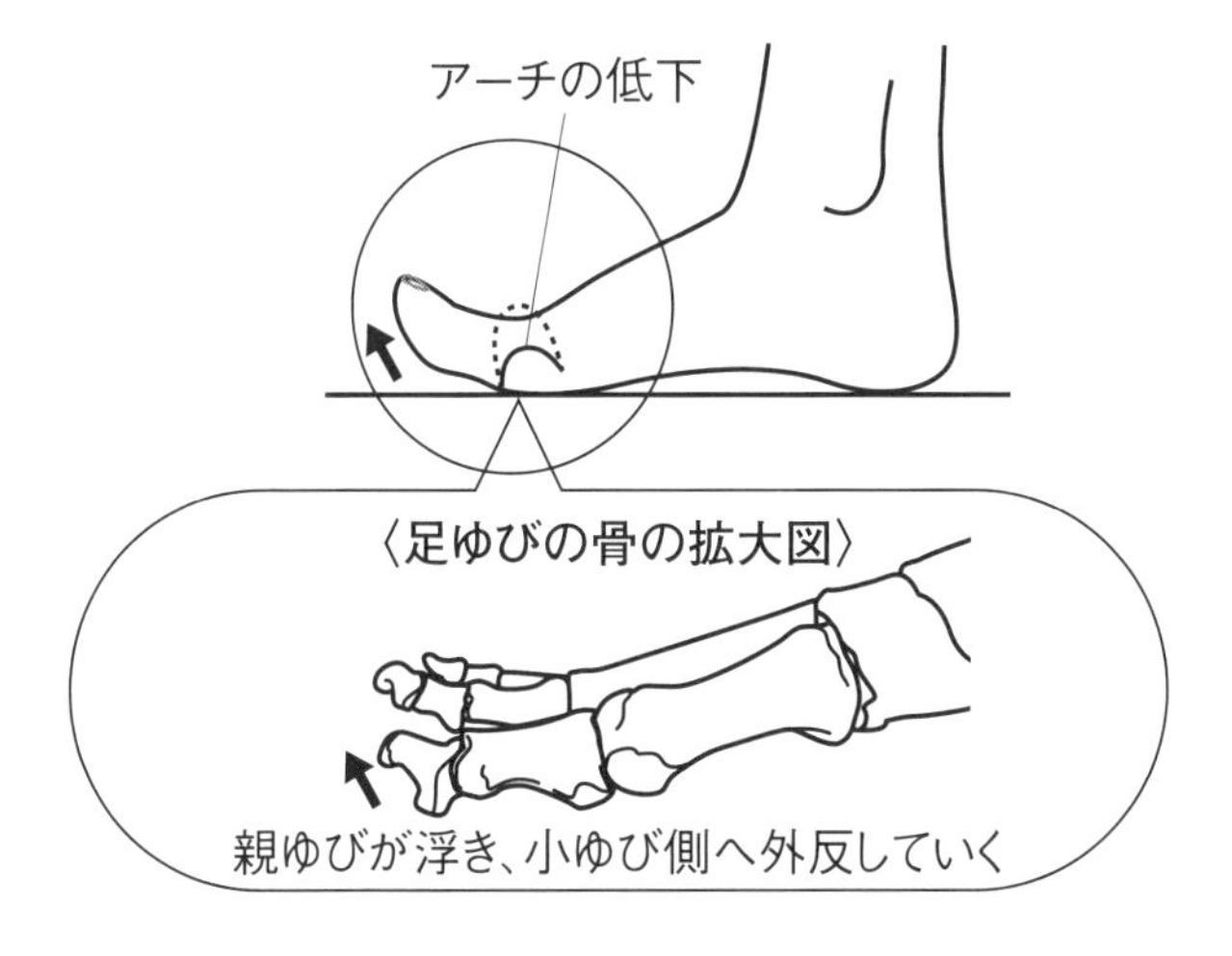

反していく）のです（39ページ参照）。よって、

- 会議室＝親ゆび
- 現場＝カカト

となるわけです。母趾の外反（親ゆびが「くの字」に曲がること）はあくまでも結果であって、原因はそこにはありません。ですから、外反母趾改善の足ゆびグッズを試しても、なかなか効果が出にくいのです。それは、外反母趾になった原因が、母趾にはなかったことを示しています。

私は20代のころ、医療機関で外反母趾用の足底板（インソール）を作ったことがありましたが、改善しませんでした。今のように「靴外来」のある病院はなく、サンダルを履いていた医師に「原因は何ですか？」と聞くと「遺伝ですね。アーチが低下していますし、靴が合っていないのでは？」と当たり障りのない回答が返ってきました。

診察の最後に「足底板を作りますか？」と聞かれました。それもとても事務的に聞こえましたが、何か対策をしたかったのでお願いしました。私はどんな靴を選んだらいいか？どんな歩きがダメだったのか？　など、もっと納得のいく医学的な説明をしてほしかった

ので、当時は腹立たしく思ったものでした。
今でこそわかったようなことを言っていますが、足と靴のトラブルは、足・靴・歩行のあらゆる複合的な要素が絡み合うことで起きるため、靴屋さんではないお医者さんに詰め寄った私も、それはそれでお門違いだったと反省しています。

◉脱ぎ履きがラクな靴はトラブルのもと

カカトが靴にフィットしていない履物を常用していると、足だけではなく、膝や腰など、他の運動器の機能が長い時間をかけて徐々に低下していきます。カカトの固定は足部の安定であり、足部の安定は体の安定です。

自分の足に合う靴とは、あなたの足機能の延長としてはたらくことができる靴です。

しかし、こんな靴を長い時間履いていませんか？

- スリッパ
- スリップオン（通称「スリッポン」）
- ローファー

・ヒールパンプス
・サンダル
・ミュール
・上履き
・長靴

これらは、脱ぎ履きがラクな靴です。さらに、やわらかい靴、浅い靴、そもそもカカトがないサンダルなどは、カカトが動き放題の靴といえます。大半の悩みの原因（犯人）はココです。難しいことは言いません。カカトです。

カカトを自由にさせておくと、そのうちどこかが不自由になります。

私の場合は「膝」でした。私はこれらの履物を履くと、1日で足がおかしくなってきます。立場上、ヒールパンプスも着用しますが、そもそも耐性のないホネカワ族ですので、「3時間以内」と時間を限定して履いています。

このように、足と靴のトラブルの犯人は「合っていない靴に騙（だま）されたカカト」ですが、その動機は**「靴の履き口」**にあるのです。

◉脱げないように歩いてしまう「スリッパ効果」

スリッパは家の中の履物です。私も長い間、愛用していました。しかし、**スリッパの弱点は、脱げないように歩いてしまう点**にあります。

そもそもスリッパは足につっかけるだけのもので、カカトはおろか、履き口すらありません。ですから、どうしても脱げないように歩いてしまいます。

私は、カカトのない履物や、カカトまわりがゆるい靴を着用したとき、**足が上がらない歩きが促(うなが)されることを「スリッパ効果」と呼んでいます。**

要するに、ずるずると摺(す)るように歩かざるを得ないのですが、この歩き方、どこかで見かけませんか？　そう、高齢者の歩き方です。

スリッパの中の足を想像してください。足ゆびはどっちの方向を向いていますか？　そうです、上方向ですね。だから、スリッパで元気よく蹴り出して歩くと、一発で脱げちゃうのです。むき出しとなったカカト部、無防備な甲部……。

「だって、履き口がゆるいんだもん」

犯人扱いされたカカトの正直な気持ちは、こんなところだと思います。

脱ぎ履きラクラクな靴はカカトが不安定なせいで、土踏まずが機能せず、結果的に足ゆびが使えない。足ゆびで蹴り出すことができないと、足は上がらない。足を上げない歩きは、関節の可動域を狭め、そのまわりの筋肉の動きを低下させるので、腕も振れません。手足の連動がない歩きは不安定で負担が多く、結果的に早く疲れます。

これらの履物は「中で足が動き放題！」ですから、当然体もつられて前後左右に揺らされます。そして偏って酷使されたところが痛んでくるわけです。

しかし、逆に考えると、この動きを抑制すれば、足部の疾患も、運動器の疾患も、靴で「ある程度」予防できる。そう考えられませんか？

- **カカトを使い過ぎる**
- **カカトが動き過ぎる**
- **カカト時間が長過ぎる**

つまり、カカトの酷使を緩和すればいいわけです。

◉転がりやすいカカトだからこそ、固定が必要

では、なぜカカトに問題が起こりやすいのでしょう？

カカトの骨は外側についている

〈右足後面図〉

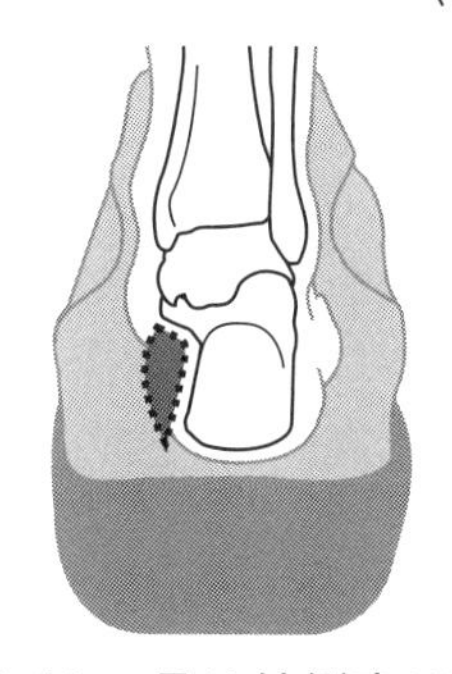

カカトの骨は外側寄りについている

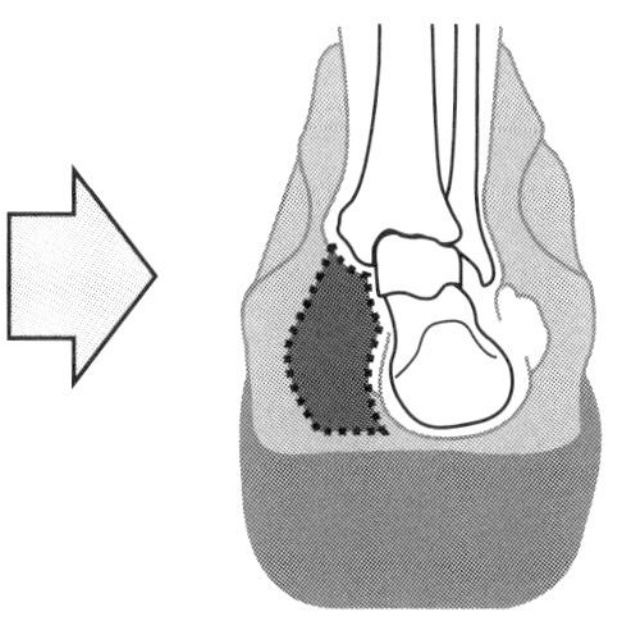

靴の中でカカトが動くと、その隙間はさらに広くなり、カカトが内倒れる

足の骨模型を後面から見ると、踵骨は脛（すね）の外側についていて、内側には何もありません。カカトは一見するとひとつの塊（かたまり）のように見えますが、この内側の空洞（くうどう）こそ「土踏まずの始まり」部分です。タプタプ族は脂肪層に守られていますが、ホネカワ族はうすいお肉と皮だけですから、単純にカカトが細くなります。

では、なぜ踵骨は外側にあるのか？　それは、でこぼこ道やちょっとした傾斜、砂浜から山道まで、どんな接地面でも対応できるように、カカトは**初めから転がるようにできているためです**。

つまり、カカトは転がりながら全体重を支えているのですが、あの小さい骨はどのように体重や衝撃に耐えているのでしょうか。

秘密はカカトの底部にあるお肉、軟部組織

の「脂肪層」です。これは最大2㎝の「蜂の巣構造」になっていて、それにより、体重や衝撃から守っているわけです。しかし、その脂肪層のあつみや、弾力性（はね返し度）は個人差があり、加齢によって変化します。

脂肪層のあつみが、その足の弾力性のカギを握(にぎ)っています。うすくてやわらかい足の人は、そのはね返す力が弱いために足部疾患を起こしやすいわけです。

さらに、私のようなホネカワ族の足は、衝撃吸収能力がそこまでありません。足部で吸収しきれなかった衝撃は、体のさまざまなところが肩代わりをするため、膝や腰などの痛みが出てくるのです。

カカトの酷使は、関節の変形を起こしたり、体を疲れやすくしたり、運動機能を奪ったり、さまざまな問題を起こします。その理由は、足の現代病「浮きゆび」でしたね。

足ゆびが使えていない現代人への対策は、**土踏まずのアーチ形状を保持することで、足ゆびを床に接地させること。アーチ形状の保持には、カカトが靴中で正しい位置におさまっていること**です。そのためには、まずは足サイズを知ること。

これが、靴難民の私を救った大事な一歩でした。

2章

足の「正しい測り方」を知っていますか？

1　ピッタリ合う靴を履くべき、これだけの理由

◉靴サイズが運動能力を左右する、かけっこ教室の例

私は「運動会でいつもビリになってしまう」という悩みを持つ子どもたちを対象に、「運動会必勝塾」というかけっこ教室を毎年開催しています（２０２０年は除く）。かけっこが苦手という子どもたちしか受講できない、という参加条件です。彼らの悔しさを「靴」をきっかけに解決してあげたい。そんな思いで開催しています。

体育などで体を動かす前に、学校の先生はだいたいこう言います。

「帽子をしっかり被って、体操着はズボンの中に入れなさい」

私はその中に、

「靴のひもやマジックテープでしっかり足を固定しよう」

も入れるべきだと考えます。なぜなら、**身につけるアイテムの密着度は、運動性と関係しているから**。中でも、地面との接地点である靴裏の安定は絶対条件です。

「運動会必勝塾」では、最初に子どもたちに事前に足計測を行ない、自分たちの靴サイズが大き過ぎることを実感してもらいます。

「これでは速く走れない」と、子どもが理解したところで、正しいサイズの靴に履き替えてもらいます。

次に、走るしくみを「靴の授業」で学びます。私はよく、スポーツカーにたとえて説明しています。たくさんのパーツでできている車ですが、それぞれが機能していなければ不具合が起きます。

そこで「バラバラパーツを最速マシンに変える」を合言葉に、一つひとつの体のパーツを大切に扱うことを意識させます。

運動機能の基本は各パーツの連動です。手と足のパーツ連動は、体の軸である「骨盤」が中心です。かけっこでは、その軸と肘、軸と膝との距離が一定の軌道上で、その運動を繰り返せば良いのです。

そのためのステップは、３つ。

①靴の履き方をマスターする（地面をしっかり蹴れるようにする）
②体をゆるめる（可動域を確保する）
③手足を連動させる（体の無駄な動きを減らす）

「靴はユルユル、体はかたい、手足がバラバラ」

これがビリを脱出できない理由です。しかし、そこにいつも「ビリ」でゴールしている子どもの姿はありません。靴の履き方をマスターできた子どもたちは、嬉しそうに、

「靴が軽い！」

「足が上がる！」

「体が動く！」

といって跳(と)びはねます。「かけっこが苦手」と思い込んでいた彼らが、早く走ってみたい、試したい、だって走れそうな気がするんだ、というのです。3ステップ、たった2時間で見違えるほど、そのフォームは変わります。

これは、子どもだけのことではありません。**大人でも、自分に合ったサイズの靴を履くだけでラクに足が上がるようになります。**靴選びは何歳から改めても、確実に結果が出るのです。

◉「足を測ったことがある」人は5%未満

かけっこ教室の子どもたちのように、足と靴の間に隙間(すきま)ができていると、靴の中で足が

動いてしまうことで、しっかり蹴り出すことができません。靴サイズが合っていないと、速く走れないということです。0・5cm(1サイズ)違っても、その差はハッキリわかります。

しかし、靴サイズが合っていたとしても、靴ひもがゆるかったり、マジックテープをしっかりとめていなかったりすれば、それなりの走りで終わってしまいます。

わかりやすくするために「子どもたちの走り」を例に挙げましたが、「走る」も「歩く」も「跳ぶ」も「投げる」も、どの運動でも同じです。

この10年で開催した靴育講座の中で、「足を測ったことがある」と答えた参加者は5%に満たず、20人以下のミニ講座では0人のことも多いです。ですから、皆さんが測ったことがなくて当然です。

そもそも日本人は、玄関で脱ぎ履きする前提で靴選びをすることが多いです。そのため、「ラクなほうがいい」「やわらかいほうがいい」「軽い靴がいい」「大は小を兼ねる」と考えがちです。

ピッタリサイズを勧めると「窮屈(きゅうくつ)」「痛くなるかも」「脱ぎ履きが面倒」などと言われるため、販売員も大きめサイズを出してきます。

このような環境下では、自分の足に合っている靴にたどり着くことは難しいでしょう。

ピッタリサイズの良さは単純です。足部アーチ構造＝土踏まずが機能するから歩きやすくなるのであり、サイズを間違えると機能しづらい。度が合っていないメガネと同じでピッタリじゃないと機能しないのです。

足を測って、靴サイズを正す。

私たち日本人は、まずこれを徹底しましょう。

2 足計測をして正しいサイズを知ろう！

◉自宅でできる足の測り方

近年、足の測り方については、いろいろな媒体でいろいろな方法が紹介されています。フットゲージなどの昔ながらのアナログ手法から3Dの機械計測、さらにカメラでかざすだけで簡単に結果がわかるスマホ計測など、足サイズを正確に測ることができれば何でも良いと思います。多少の誤差が合っても「測らない」よりは100倍マシだと私は考えます。

足計測は、基本的に次の3か所を計測します。靴のサイズは足部の長さだけではなく、足の幅や高さも考慮して決められているからです。

- 足長（そくちょう）＝靴サイズの目安、足の縦の長さ
- 足幅（そくふく）＝靴の幅の目安、足の幅
- 足囲（そくい）＝足幅に高さを含めた足まわり

では、自宅でできる足の測り方を紹介します（54・55ページの図参照）。

基本の姿勢

①床に直線を引き、カカトの末端（まったん）を線に合わせる
②足と足を平行に置き、その間を文庫本1冊程度（文庫本の横サイズは約10㎝）にする
③真っすぐ前を向く

文庫本を使った「足長」の測り方

①一番長いゆびの先端に文庫本を置き、直線と平行にする
②足だけ取り除き、カカトから足ゆびまでの距離を定規やメジャーで測る

基本の足計測と計測姿勢

〈足の計測部分〉

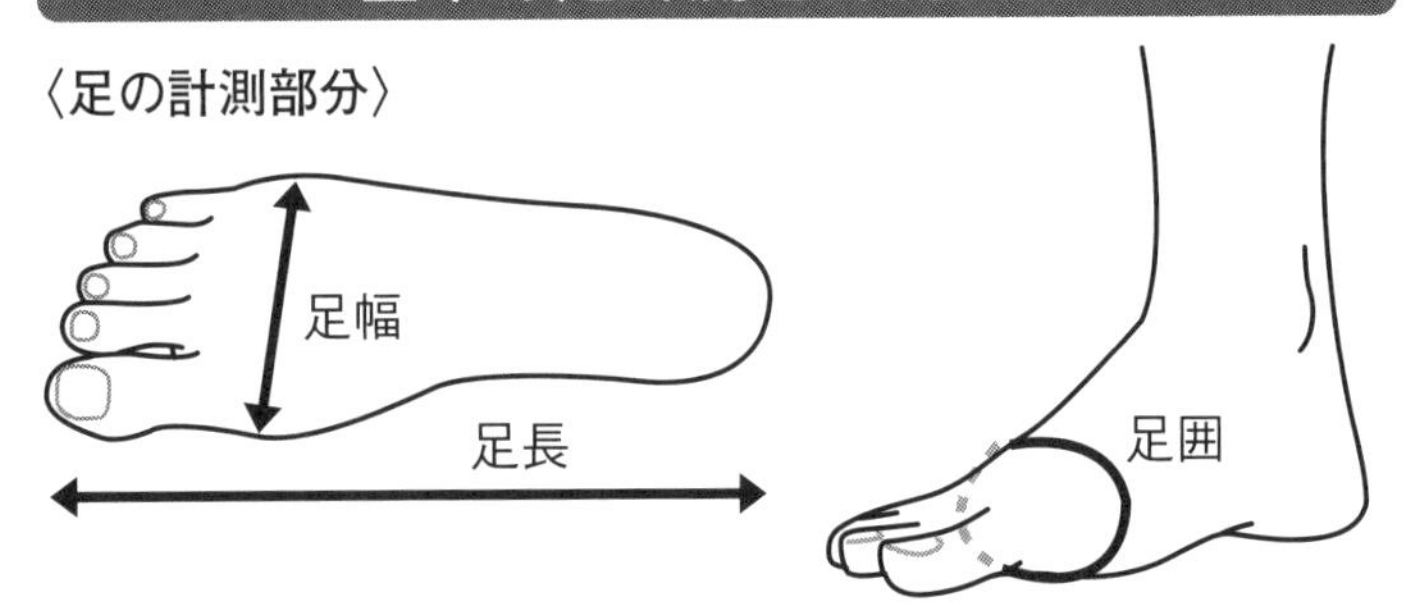

足長…カカトの末端から一番長い足ゆびまでの距離
足幅…親ゆびと小ゆびの付け根の出っ張った、少しナナメの直線
足囲…足幅の周囲をグルっと1周させた長さ

〈基本の姿勢〉

①直線（または壁）にカカトの後端を合わせる

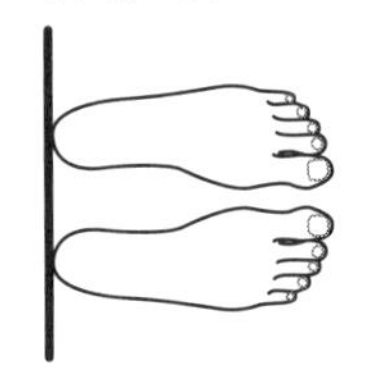

②足と足の間は10㎝の間隔をあけ平行にする

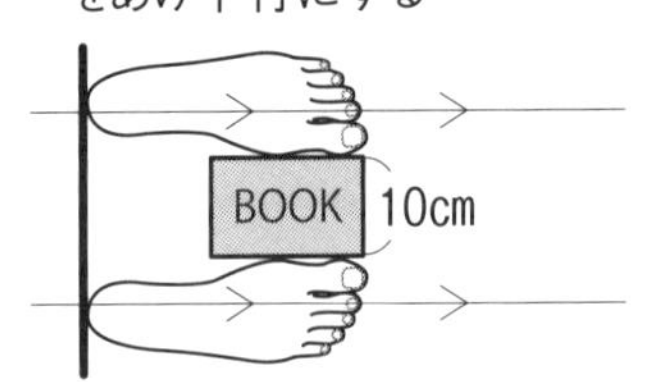

③目線は身長通りの位置に合わせ、一点を注視する。このとき両腕は体に沿わせる

足長・足幅・足囲の測り方

〈足長〉

①一番長いゆびに合わせ文庫本を置く

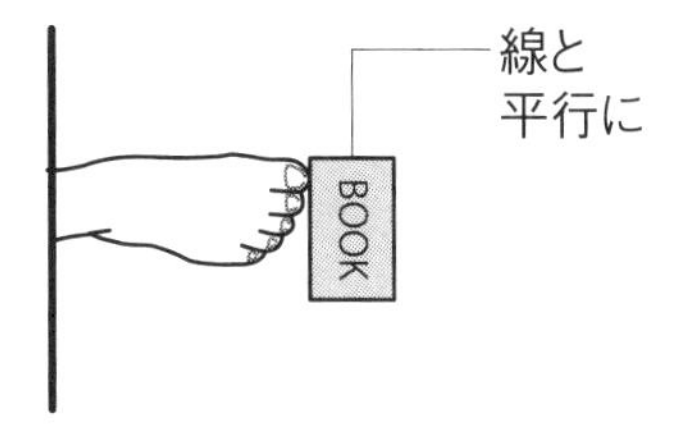

②足を抜いて、距離を測る

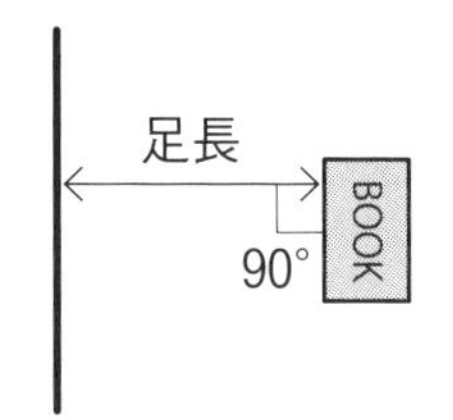

〈足幅〉

①親ゆびと小ゆびの付け根に文庫本を足の基準線と平行に置き、出っ張った部分に印をつける

②足を抜いて、少しナナメの直線を測る

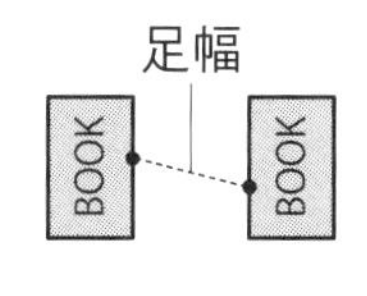

〈足囲〉

①足の下にメジャーを敷き、足幅で測ったところと同じ場所に合わせる

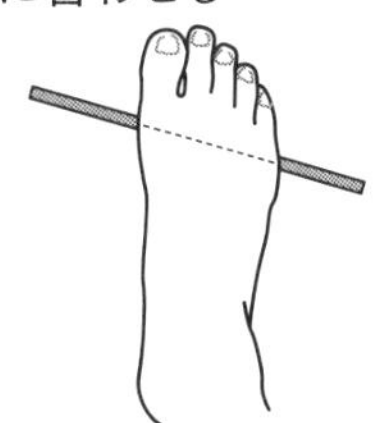

②そのまま1周グルっとさせ、長さを測る

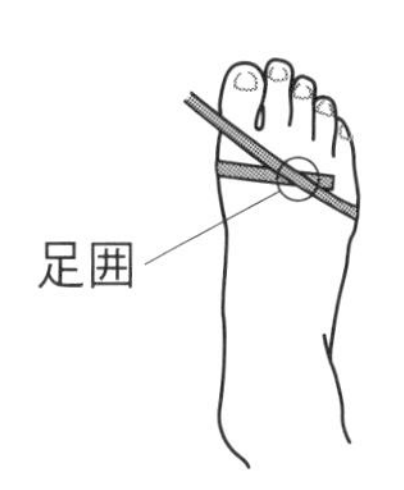

文庫本を使った「足幅」の測り方

①親ゆびと小ゆびの付け根に本を置き、一番出っ張っているところに、付箋(ふせん)などで印をつける

②そのふたつの直線距離（少しナナメの直線）を測る

メジャーによる足囲の測り方

①床の上で、親ゆびと小ゆびの付け根の間にメジャーを置く

②足幅の周囲をグルっと一周させる

このようなアナログ計測でも良いですが、測り方や測る人によって、結果が異なります。ZOZOMATなどのデジタル計測の良いところは、その計測者間の差異が少ないこと。ZOZOTOWNアプリのダウンロードが必要ですが、簡単ですのでおすすめします。

◉計測結果をJIS規格に当てはめる

ＪＩＳ規格とは、男性・女性・子どもの足長ごとに、最も多かった足囲・足幅の値を「Ｅ」として、足幅の広い・狭い、あつい・うすいを英数字（ウィズまたはワイズともいう）

で表したものです。女性のウィズはAからF（A・B・C・D・E・EE・EEE・EEEE・F）までで表記されます。**Eを標準とし、アルファベットが若くなるほど細長い足であり、E以降の英数字になると、幅の広い（またはあつい）足となります。**

よく、靴裏やベロ（シュータン）と呼ばれる足の甲に当たる部分の裏に「23・0EEE」などの表記があります。EEEとは、靴サイズに対するウィズ（靴の太さ）を表しています。

さっそく58・59ページのJIS規格表を見て、次の足のウィズを算出してみましょう。

右足長：224㎜、右足囲：217㎜、右足幅：92㎜であれば、
右足囲のウィズは「D」
右足幅のウィズは「E」

左足長：227㎜、左足囲：210㎜、左足幅：89㎜であれば、
左足囲のウィズは「B」
左足幅のウィズは「C」

ということがわかります。ウィズの標準はEです。

23.5cm（231～235㎜）

～207㎜/～86㎜＝A
208～213㎜/87～89㎜＝B
214～219㎜/90～91㎜＝C
220～225㎜/92～93㎜＝D
226～231㎜/94～95㎜＝E
232～237㎜/96～97㎜＝2E
238～243㎜/98～99㎜＝3E
244～249㎜/100～101㎜＝4E
250～255㎜/102～103㎜＝F

24.0cm（236～240㎜）

～210㎜/～88㎜＝A
211～216㎜/89～90㎜＝B
217～222㎜/91～92㎜＝C
223～228㎜/93～94㎜＝D
229～234㎜/95～96㎜＝E
235～240㎜/97～98㎜＝2E
241～246㎜/99～100㎜＝3E
247～252㎜/101～102㎜＝4E
253～258㎜/103～104㎜＝F

24.5cm（241～245㎜）

～213㎜/～89㎜＝A
214～219㎜/90～91㎜＝B
220～225㎜/92～93㎜＝C
226～231㎜/94～95㎜＝D
232～237㎜/96～97㎜＝E
238～243㎜/98～99㎜＝2E
244～249㎜/100～101㎜＝3E
250～255㎜/102～104㎜＝4E
256～261㎜/105～106㎜＝F

25.0cm（246～250㎜）

～216㎜/～90㎜＝A
217～222㎜/91～92㎜＝B
223～228㎜/93～94㎜＝C
229～234㎜/95～96㎜＝D
235～240㎜/97～99㎜＝E
241～246㎜/100～101㎜＝2E
247～252㎜/102～103㎜＝3E
253～258㎜/104～105㎜＝4E
259～264㎜/106～107㎜＝F

25.5cm（251～255㎜）

～219㎜/～91㎜＝A
220～225㎜/92～94㎜＝B
226～231㎜/95～96㎜＝C
232～237㎜/97～98㎜＝D
238～243㎜/99～100㎜＝E
244～249㎜/101～102㎜＝2E
250～255㎜/103～104㎜＝3E
256～261㎜/105～106㎜＝4E
262～267㎜/107～108㎜＝F

26.0cm（256～260㎜）

～222㎜/～93㎜＝A
223～228㎜/94～95㎜＝B
229～234㎜/96～97㎜＝C
235～240㎜/98～99㎜＝D
241～246㎜/100～101㎜＝E
247～252㎜/102～103㎜＝2E
253～258㎜/104～105㎜＝3E
259～264㎜/106～107㎜＝4E
265～270㎜/108～109㎜＝F

JIS規格表(女性用)※20.5~26.0㎝

【足囲/足幅=ウィズ】

足長:20.5㎝(201~205㎜)

~189㎜/~79㎜=A
190~195㎜/80~81㎜=B
196~201㎜/82~83㎜=C
202~207㎜/84~85㎜=D
208~213㎜/86~87㎜=E
214~219㎜/88~89㎜=2E(EE)
220~225㎜/90~91㎜=3E(EEE)
226~231㎜/92~93㎜=4E(EEEE)
232~237㎜/94~96㎜=F

21.0㎝(206~210㎜)

~192㎜/~80㎜=A
193~198㎜/81~82㎜=B
199~204㎜/83~84㎜=C
205~210㎜/85~86㎜=D
211~216㎜/87~88㎜=E
217~222㎜/89~91㎜=2E
223~228㎜/92~93㎜=3E
229~234㎜/94~95㎜=4E
235~240㎜/96~97㎜=F

21.5㎝(211~215㎜)

~195㎜/~81㎜=A
196~201㎜/82~83㎜=B
202~207㎜/84~86㎜=C
208~213㎜/87~88㎜=D
214~219㎜/89~90㎜=E
220~225㎜/91~92㎜=2E
226~231㎜/93~94㎜=3E
232~237㎜/95~96㎜=4E
238~243㎜/97~98㎜=F

22.0㎝(216~220㎜)

~198㎜/~83㎜=A
199~204㎜/84~85㎜=B
205~210㎜/86~87㎜=C
211~216㎜/88~89㎜=D
217~222㎜/90~91㎜=E
223~228㎜/92~93㎜=2E
229~234㎜/94~95㎜=3E
235~240㎜/96~97㎜=4E
241~246㎜/98~99㎜=F

22.5㎝(221~225㎜)

~201㎜/~84㎜=A
202~207㎜/85~86㎜=B
208~213㎜/87~88㎜=C
214~219㎜/89~90㎜=D
220~225㎜/91~92㎜=E
226~231㎜/93~94㎜=2E
232~237㎜/95~96㎜=3E
238~243㎜/97~99㎜=4E
244~249㎜/100~101㎜=F

23.0㎝(226~230㎜)

~204㎜/~85㎜=A
205~210㎜/86~87㎜=B
211~216㎜/88~89㎜=C
217~222㎜/90~91㎜=D
223~228㎜/92~94㎜=E
229~234㎜/95~96㎜=2E
235~240㎜/97~98㎜=3E
241~246㎜/99~100㎜=4E
247~252㎜/101~102㎜=F

非荷重位の計測方法

〈足幅〉

足を組んで浮かせ、親ゆびと小ゆびの付け根の間を、フットゲージ（足専用ノギス）で測る

〈足囲〉

足を浮かせ、足幅のまわりをテープメジャーで測る

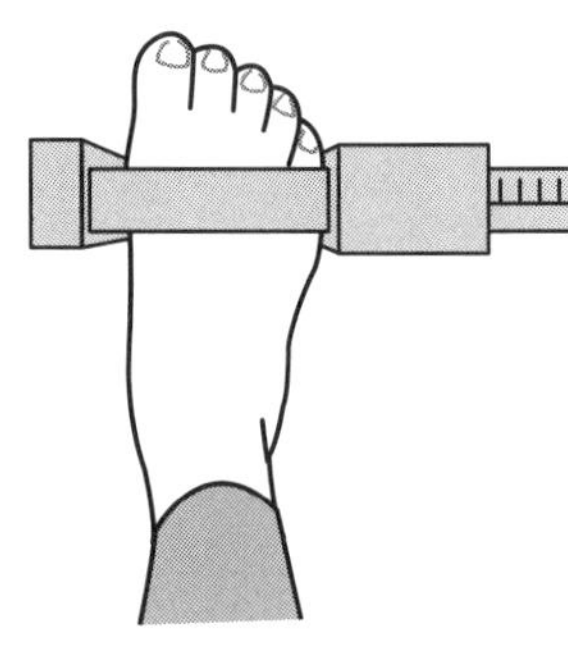

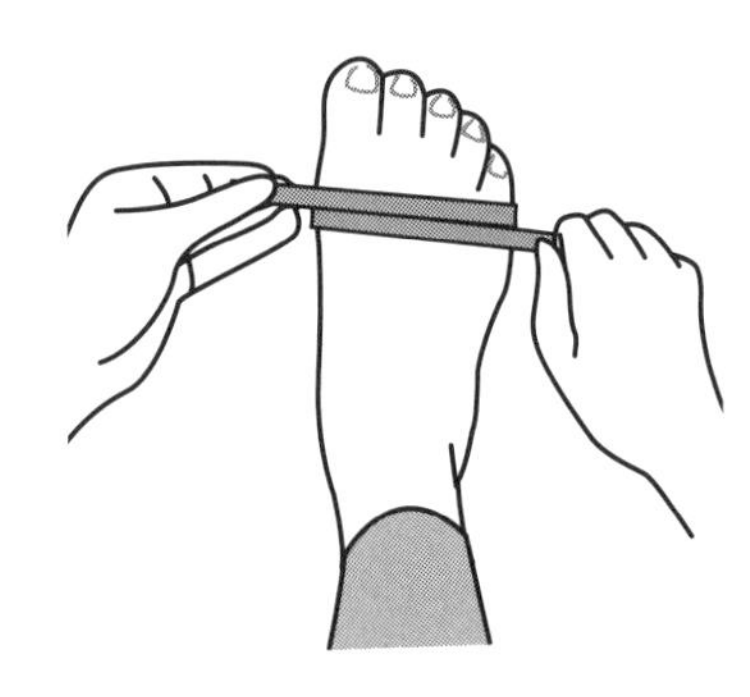

ウィズの差が、この「E」を境に、

■足囲>足幅のウィズであれば……幅は狭いけど、高さ（厚さ）はある、あつい足

■足囲<足幅のウィズであれば……幅のほうが広く、厚さがない、うすべったい足

の可能性があるということになります。

しかし、もっと大事なことは、JIS規格表に当てはめた結果だけで、一喜一憂しないこと。ただ、ここで足計測が終了してしまうお店が多いのが実情です。

サイズ決定は、この立って測る荷重位計測だけで終わってはいけません。必ず、非荷重位でも計測しましょう。**非荷重位とは「足を浮かした状態で測る」**ことを意味します。歩行は足が着いたり（荷重位）、浮いたり（非荷重位）を繰り返す運動ですからね。浮いたときも測るのは当然です。

この荷重位と非荷重位との差（変化量）が、あなたの足の個性です。

そして、荷重時は3Ｅ（ＥＥＥ）→非荷重時はＡに変化するやわらかい足（こんにゃく足）などのように、荷重と非荷重で、5ウィズ以上変化する場合は「特に注意が必要な足」として私は分析するようにしています。

◉足長＝靴サイズではない！

ここで問題です。

足長：右が２２４㎜、左が２２７㎜

この場合、何㎝の靴サイズを選択するべきでしょうか？　22・5㎝なのか23・0㎝なのか、迷いませんか？

こんなときこそ、ＪＩＳ規格表の出番です。左足が22・5㎝を2㎜上回っているから23・0と考える人が多いかもしれません。しかし、足幅や足囲はどうだったのでしょう？　ここで各ウィズを見てみます。すると、

・足囲：右足がDで左足がB
・足幅：右足がEで左足がC

でした。この場合、右足は標準足に近く、左は足長が右よりも3㎜大きいにもかかわらず、足幅・足囲はともに右よりも細い。体重をかけている状態でこの結果ですから、左足は相当細いということです。よって、ひとつ下の22・5㎝サイズでも十分に入る可能性が高い。特に左の足囲がBと、とてもうすい足なので、逆にまだ余裕があるかもしれません。

よって「22・5㎝」と「23・0㎝」の両方を試し履きすることをおすすめします。

残念なことに、BやCウィズの靴を、靴屋さんで見かけることはほとんどありません。EE・3E・4Eなどの幅広靴は多く店頭に並んでいますが、細足さん用の展開は一般店ではまずありません（だから、その調整がきく「ひも靴」を履いてほしいのです）。これは「大で小を兼ねてくれ」という靴メーカーのお願いであり、大人（在庫）の事情があるのです。

よって、このような細足の方の場合、

①靴下をあつくする
②靴を（違う品番・違うメーカーに）変える

③サイズを下げ、足（特にカカト）に近いものを選ぶ
④インソールなどで調整する

などの方法で、自分の足に近い靴環境に整えることが大切です。

細足さんへ特におすすめなのは、カカトサポーターです。

靴下があつ過ぎたり、うすい重ね履きをして調整すると、ゆび先や足幅だけがキツくなるときがあります。しかし、カカトサポーターなら、細いカカトまわりを「皮膚1枚分」あつくしてくれます。さらにカカトで固定されるので、前滑り（まえすべ）を防止することもできます。

カカトサポーター

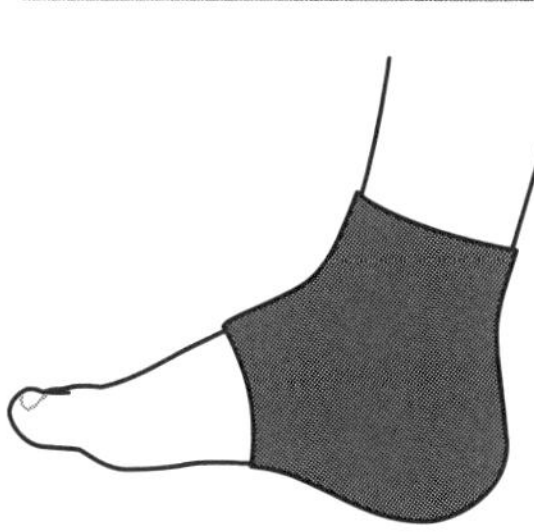

イラストのように足をたくさん
覆いすぎていないものが良い

もちろんサポート力がありますので、土踏まずを支えながらカカトを固定する力も抜群（ばつぐん）です。生地は「ちょっとうすいかな？」と思う感じのものから試していくことがおすすめです。

しかし、ひとつだけご注意を。伸縮（しんしゅく）性があるタイプのものは血流にも影響します。そのため、車の運転中やデスクワークなど「ほとんど動かない・立ち歩かな

い」ときは、冷えを感じたりむくみやすくなる場合があります。

これはカカトサポーターをしていなくても起きることですが、**着圧系サポーターは体を動かすことを前提**としているので、静止状態が続く場合は一旦はずすなどご自身で加減してください。

このように、既製品の靴や靴下、インソール等でも解決できないときは、専門家に相談したほうが早く解決します。骨格に合わせてパッド調整する、オーダーメイドインソールを作製する、正しい履き方や歩行指導をするなど、的確な方法を提案してくれます。下駄(げた)箱に失敗靴が何足も……というよりは気持ちがスッキリするかもしれません。

まずは、前後のサイズをいろいろな靴で試してみるところから始めましょう。

◉「開張足かどうか」を判定する方法とは

細足さんとは反対に、幅広さんもいます。

しかし、中には「自分は幅が広い」と誤解されているパターンも多く、**3E以上の足の人は全体の約2割にすぎない**というのが私の実感です。

「幅が広い」とひと口にいっても、いろいろです。では、どこからが問題視するべきラインなのか？　そこが気になるところではないでしょうか。永山理恵氏らの研究によると、外反母趾に多い開張足は、「足長」と「足幅」の計測値だけで、簡易的な判定ができると報告しています(※1 215ページ参照。以下同)。

足幅率(%)=足幅(㎜)÷足長(㎜)×100

この式は「足幅率」といって、足幅を足長で割って100をかけたものです。研究では、この足幅率が41・5%以上の場合、開張足と推測できるとされています。

あくまで目安ではありますが、「病院に行くほどではないのだけれど……」と迷っている方に、まずおすすめしたい方法です。

◉それでも靴が合わないのは「沼」だから

昨今、足に対する関心は高まり、テレビ番組でも「足のお悩み解決番組」などを目にするようになりました。サイズの重要性はもとより、JIS規格の「ウィズ」という靴選びの指標を、すでにご存じの方も多かったのではないでしょうか。しかし、

「それでも靴が合わない」

という声は残念ながら多く聞こえてきます。

私がお店を始めた10年前に比べて、高価な足型計測器を導入したり、シューフィッターなどの専門資格を取得したりして、細かな対応をしてくださるお店はとても増えました。他社との差別化を図り、足と靴の適合率を上げることによって、顧客満足度を向上させる企業努力には目を見張るものがあります。

しかし、**それ以上に足・靴・歩行は千差万別。この型に当てはまらない足に悩む女性の数は多く、改善・解決に至らない**ケースと数多く遭遇します。

あまりに複雑な足を目の当たりにすると、前書きに記したあの言葉を思い出します。これは、足と靴の専門資格の講習会で、テキスト冒頭に出てくるくだりです。

「靴の研究は、泥沼に足を突っ込んでいくようなもので、どこまで潜っても底に到達しない。その最大の理由は、数値では測れず、文章でも表現しきれない、いわゆる『勘』に頼らねば解決し得ない要素を多く含んでいるからなのだ」

これは靴の世界の、果てしない奥の深さを指摘しているものです。
- 泥沼とは…靴自体が固定と推進という矛盾する役割を担い、さらに靴の中でくるくると足寸法が変化することが相まって「完璧にフィットする」ことが難しい
- 勘とは…計測者や専門家の、過去の経験や、頭の中にある足データベースから導き出

したケース・バイ・ケースの組み合わせ
といったところでしょうか。
このように、数字では割り切れない「歩行中に変化する足」に対応するためには「正しい靴サイズで選択できる」だけでは間に合いません。**「正しい靴選択」**と、**「靴の履き方」との合わせ技が必要**です。では私たちは、どのように自分の足を守ればいいのか？　そのワザや靴づくりの現実をご紹介していきます。

3 足のトラブルを避けるために知っておきたいこと

◉「靴選びあるある」に騙されないために

昔、祖母からよく「靴は夕方買ったほうがいい」と言われていました。理由を聞くと、「夕方になると足が大きくなるからだよ」とのことでした。

これを鵜呑み（うの）にしていた私は、当たり前のように大きめの靴を40年間選んでいました。

しかし、「大きめサイズの靴を履いていると、アーチが低下して足は縦・横に伸びる」だけです。

ほかにも、

- カカトに指1本入るくらいがいい
- ペタンコ靴よりも少しヒールがあったほうがいい
- ウィズのEはいっぱいあったほうがいい
- 靴はとにかく軽いほうがいい
- この靴を履けば外反母趾(がいはんぼし)が治る
- この靴はヒップアップ効果があるので痩(や)せる

など、中には都市伝説みたいなものまであります。

「乳酸菌サプリメント○○はたった1か月で10kg痩せます!」

これは信じがたいですよね。しかし、「本当に困っている靴のこと」となると、私たちは簡単に騙(だま)されてしまいます。

靴選びで最も重要なのは「明らかに間違った方法を避ける」ことです。

自分の目的と合っているか? を常に意識し、最初の分かれ道で間違った方向に行かないようにしましょう。

◉「足サイズ」にまつわる大誤解

私は靴業界に入る前、たくさんの落とし穴に「まんま」とはまっていました。3足に1足当たればラッキーで、いつも母に「履かないなら捨てなさい」と言われたものです。専門資格教育を受けて初めて、カカトが細過ぎた、足全体がうす過ぎた、結合組織がゆる過ぎた、立ち方・歩き方が悪過ぎたことがわかり、「だから、私の足に合う靴は少なかったのか！」と納得しましたが、靴の作りについても驚きの事実がいくつかありました。

中でも「足サイズ」に関連するものは、次の通りです。

- 靴の中は、ＪＩＳ規格通りには作られていない
- メーカーによってサイズ感が違う
- 靴には「ころし」がある
- 一番売れるはずの23・５㎝サイズが、当店では一番売れない

意外ですよね？　では、その理由を見ていきましょう。

◉サイズ感がメーカーによって違う理由

ＪＩＳ規格自体はたくさんの足を計測し、統計上の結果を表したものですが、実は靴の中の寸法はその通りには作られていません。

確かに靴選びにおける唯一の指標ではありますが、単なる足調べの結果であって靴の製造基準ではない、という点が問題です。正直、**ＪＩＳ規格通りに作ることは難しいですし、作ったところでそれが絶対ではありません。**

靴は立体で、縦・横・高さがあります。カカトの出っ張りから一番長い指までの縦方向の長さを「足長」（53ページ参照）といい、この足長が「靴サイズ」です。しかし、実際の靴はつま先に余裕を設(もう)けていて、靴の中は靴サイズ表記よりも長く作られています。23㎝のウォーキングシューズであれば、プラス10～15㎜大きく、この余白は**「捨(す)て寸(すん)」**と呼ばれています。歩く際の「重心移動」でどうしても靴の中で足が動くため、それを最初から想定してこの余白が作られているのです。

しかし、この捨て寸が曲者(くせもの)です。同じひも靴でも、メーカーによっては捨て寸がないものがあり、ランニングシューズや海外のスニーカーには、そもそも捨て寸が設定されていないことが多いからです。基本的に、パンプスなどのおしゃれ靴には捨て寸があります。

よって、同じサイズでも、メーカーやデザインごとにサイズ感が違うのは当然のことなのです。消費者が靴サイズだけを見て購入し、ミスマッチが起こるのはいたしかたないことなのです。

◉歩行中の足サイズは常に変化している

さらに、私が「足をお測りしますね」と申し上げると、多くの人が椅子に座って足を差し出されます。しかし、計測は「じっと立つ」姿勢が基本です。計測値は動的ではなく、静的な値、つまり「体重がかかっていて動いていないときの値」なのです。

しかし、靴で足が痛くなるのは、どんなときでしょうか？
そう、歩行中です。動いているときです。

靴が合わない最大の理由は、歩行中の足寸法が靴の中で、刻一刻と変化していることにあります。

- カカトが床に接地したとき
- 足底がついて荷重したとき
- 蹴り出したとき

そして、最後に足ゆびが床から離れます。厳密には、この3フェーズ（相）だけではなくすべてのフェーズで足寸法は変化します。

その理由は、**歩行は片足歩行の連続であり、片方の足に全体重がのるからです。足底がついているときと、床から離れているときとでは、まったく寸法が違います。**

例えば、女性の足囲は15〜20㎜（またはそれ以上）の違いがあります。ですから、履き方や靴サイズを間違えるだけでも、たった数㎜の違いでも足に不快感が出ることも少なくないのです。

◉靴職人の頭を悩ませる「ころし」

では、靴の中の「横サイズ」と「高さ」はどうでしょう。横サイズと高さは、足の寸法通りに靴を作ってしまうと、靴はゆるく感じます。

「えっ、何で?」と思いますよね。わかりやすくするために、靴下を想像してみましょう。靴下は伸縮性があるからピタッとしますね。伸びてしまった靴下は、靴の中でズレたり、違和感を覚えたりします。

また、スポーツ用などの機能性靴下は、土踏まずあたりの締め付け具合がよりきつくなっていますね。

この部分は足の中で、最も絞れる（伸縮性がある）部分であり、その圧力によって理想の足、つまりアーチが機能している足に近づくからです。

靴も同じです。靴には「ころし」という締め付けがあります。何だか物騒なネーミングですが、足の横幅が一番広いところから後ろの土踏まずあたり（中足骨〈19ページの図参照〉全体）を包み込むように締める箇所を「ころし」といいます。

歩行中の足寸法の変化を見越して、このころしが機能します。足に全体重がのったときに、その締め付け（ころし）を心地よく感じられるかが履き心地を決定づけます。

マッサージと同じで「痛くなる手前の心地よさ」を職人は模索し、靴を作るときに「どのくらい、ころしを入れればいいか？」で大いに悩むのです。

その職人の悩みを解決するのが、靴のひもです。

そして「ころし機能」を、靴ひもが担当します。靴ひもを利用すると、**その足に合った心地よさで、程よく締め付けることによって足部アーチ構造を再現できる**からです。特に、やわらかい「こんにゃく足」などの絞れる足には、効果絶大です。

このように、「靴サイズの選択」と、「靴の履き方」との合わせ技とは、靴の作り方からも説明することができます。

◉一番売れるはずの23・5㎝の靴が最も売れない理由

靴屋さんで、たくさんのデザインから選べる靴サイズは、23・5㎝です。また、靴の展示会に行くと、サンプルで展示されているサイズは、23・5㎝です。

このように、世の中には23・5㎝の靴がたくさんあるはずです。しかし、当店では、23・5㎝の靴サイズの販売数が最も少ないのです。これに気がついたのは、開業して2～3年経ったころでした。棚卸（たなおろし）をしていて、「あれ？　この靴、前回もあったな」と思ったのがきっかけです。そこで、当店でよく売れるサイズランキングを作ってみました。

1位　22・5㎝
2位　22・0㎝
3位　23・0㎝
4位　24・0㎝
5位　21・5㎝
6位　24・5㎝
7位　23・5㎝

靴サイズが小さい、または大きいという端(はし)サイズのほうが意外と多いのです。

当店は、おひとりにかかる相談時間は60分を超えるので、完全予約制です。さらに、静岡市の郊外の一軒家という恵まれない立地ですが、県内外から足・靴・歩行に悩みを抱えた方々が、たくさん来店されます。

つまり、足・靴・歩行の何かに困っていて、「ほかにもいろいろ行ってみたけど、イマイチ解決しない」という、比較的「悩み度合いが深い足」の方がいらっしゃいます。

その専門店で、23・5㎝が売れ残る理由。それは、

「靴型はサイズごとに決められているのではなく、各サイズは、23・5㎝のマスター木型を基に、相似(そうじ)的な拡大・縮小によって作られているから」

です。靴型とは、靴の製作に使用する足の形に成型した木のことで「木型」ともいいます。この相似的拡大縮小を、靴業界では「グレーディング」といいます。

一般店の靴売り場で、レディスサイズを22・5〜24・5㎝と考えた場合、真ん中のサイズにあたる23・5㎝の靴型を基準に等比的に各サイズを作っているとすれば、当然「端っこサイズ」にくるいが生じやすい。

22㎝や24㎝の方々がたくさん来店されるのは、その「くるい」が大きかったからだった

のです。

逆にいえば、23・5㎝のマスター木型は足型に近く、比較的適合性が高いため、足と靴のトラブル率は相対的に低くなるではないか、と考えられます。

「だったら、各サイズのマスター木型を作ったらいいのに……」

と思う方がいるかもしれません。しかし靴型は、靴のデザイン、素材、製法ごとに違うので、個々のマスター木型の製作には多大な経験と時間を必要とするのです。企業は、大量生産をする現場の機械的制約と生産性を優先します。

靴型にこだわっていると、トレンド靴は供給スピードが遅れたり、目標とする利益確保のためにその分多く売らないといけなくなったり、という現実があります。両者の言い分もわかるだけに、悩ましいところです。

◉靴は「端っこサイズ」ほど合いにくい

最後に、端っこサイズほど足型と靴型がズレる「くるい」の理由も添えておきます。

まずは**「アロメトリー」**という言葉から説明していきましょう。

例えば身長が大きくなると、体重も増えますね。このふたつの指標の間に成立する関係を「アロメトリー」といいます。

当然、足にもアロメトリーがあり「身長と体重」のように相関関係がある箇所と、ないところがあります。

足長が大きくなっても、足囲や足幅、そしてカカトの幅や甲の高さについては、同じような割合では大きくならないのです。足長が大きくなれば各箇所の値は大きくなるけれども、その成長度合いは弱まるのです。これを「劣成長」といいます。

「人体を測る」という人間工学の権威で、日本における靴の履き心地研究の女性研究者の先駆けである河内まき子氏らの研究によると、「足長に対する足幅の増加率と、足長に対するカカトの幅の増加率は違うため、足長が大きくなるほど、カカトは細くなる。足型は足長の増加によって細身となるが、靴型ではその変化は小さい。靴型では足型と比較して、特にカカトの幅と甲の高さの増加が大きい」ことがわかっています（※2）。

つまり、足長が大きくなるほど、足は細身になるのです。

足長に対して、幅要素は劣成長しますが、幅は幅でも足幅とカカトの幅ではこれまた成長率が違う。足幅の成長率よりもカカトの幅の成長率のほうが低いので、全体的に足が大きくなるほどカカトは細くなる、ということです。

したがって、足は大きくなるほどそのプロポーションは細身になるのに、靴型にはそれが反映されず、ずん胴でくびれは少ない。靴型と足型を比較してみると、靴サイズが５㎜ずつ増える割合と同じように、カカトの幅や甲の高さも増えていきます。

これを知って、私は「ちょっと待って」と思いました。足長が大きくなるほど足は細身になるのに、靴のカカトの幅や甲の高さをガンガン増やしたら、そりゃ靴は合わないでしょ、と。

結論として、足と靴型のアロメトリーは、特に「甲」と「カカト」でズレているということです。このズレこそが、基準サイズ（23・５㎝）から離れた端っこサイズほど「くるい」が生じる理由と考えられます。

3章

人生がキラめく！
「私に合う靴」の選び方

1　靴選びの基準を見直そう！

◉間違った靴を選ばないために大事なこと

靴選びには、型があると思うのです。

これは、柔道や茶道などといった「〇〇道」といわれるスポーツや文化などの作法と似ています。型とは、いつでも立ち返ることができる基礎・基本、すなわち安全地帯です。

そこには、困ったときに安心して頼れる方法があり、最も安全で心地良いやり方であるべきです。

靴選びの型の軸、それは「何を解決したいのか」です。

- 膝に痛みがあるが、ウォーキングを楽しみたい。健康になりたい
- 足裏全体が痛く靴が履けない、歩けない
- 繰り返すケガで、レギュラーを逃している
- 子どもや孫たちと旅行を楽しみたい

- 夏休みを利用して、伊豆半島一周にチャレンジしたい
- 日常生活の階段がつらく、特に下(くだ)りが怖くなってきた
- 新しい職場で履物が変わり、安全靴の着用で足ゆびや魚(うお)の目(め)が痛い
- 看護、介護、補助する仕事で、体の負担が大きく腰が限界
- 趣味のテニスをあと10年、80歳まで続けたい

「足と靴のトラブルを解決したい」といわれるよりも、はるかに具体的でわかりやすいですね。しかし伊豆半島を一周しようとする足と、階段の下りがつらい足とでは、その目的が違いますから対策は異なります。

靴に求める究極の機能は、「履き心地」です。

その履き心地にたどり着くまでに、たくさんの関門を突破しなければなりません。

- どこで相談・購入するのか（Where）……お店選び・医療機関・専門店
- なぜ必要なのか（Why）……ゆがみ・痛み・悩みなどの不具合のための靴機能
- いつ行くのか（When）……行く時間・かかる時間・慣らす時間
- だれと選ぶのか（Who）……販売員・専門家・医療従事者

・どのような方法で（How）……計測・分析・指導（履き方・立ち方・歩き方）
・何を選択するのか（What）……靴・インソール・靴下・予算

これらの組み合わせの結果が「履き心地」です。しかし、これだけの分かれ道があります。これをすべて運や人任せにしていたら、たどり着くことは不可能です。

そこで「型」が役立ちます。先ほど、型＝安全地帯といいましたが、型とは「いつでも基本に立ち戻れるところ＝地図」のようなものでもあり、道迷いを回避する役割があります。ご相談にみえるお客様のほとんどが、「明らかに間違った地図」で靴を選んだり履いたりしています。

型とは、決して融通の利かない金型ではありません。「そこから先は危険だから、はみ出ないでね」という「柵」です。私たちが目指すところは、80点・八合目・腹八分目です。「究極の靴」という高いアルプスのような山を登るのではなく、まずは近所の裏山くらいから。高度な技術よりも、まずは行動です。

◉生活の7割を「ひも靴」で過ごそう

私は、「生活の7割はひも靴で、残りの3割はおしゃれ靴でもOK！」としています。もちろん、ひも靴の時間がそれ以上なら、とても素晴らしいですね。つまり「週に5日くらいは、ひも靴で過ごそうよ」ということです。

本書で伝えたいことのひとつ目は、

「靴選びは、カカトから始まってカカトに終わる」

でした（35ページ参照）。ふたつ目は、

「年に1度足を測って適正サイズを知り、生活の7割をひも靴にして、毎回靴ひもを結ぶ。そうすれば9割以上の足機能は向上し、健康に近づく」

です。しかし、多くの方は「脱ぎ履きラクラクな靴」を選択しているのが現状です。

- 服と合わないから
- みんな履いていないから
- 靴ひもが面倒くさいから

最もネックになるのは「ひもを結ぶのは面倒くさいから」ではないでしょうか。また、せっかくひも靴を履いているのに「靴ひもを結び直さなくても、脱ぎ履きできるように」と、わざわざゆるく結んでいるケースをよく見かけます。そのような方に「どんな靴を選びますか？」と聞くと、

- デザイン性が高い、おしゃれな靴
- 軽い靴
- やわらかい靴
- 痛くない靴
- 脱ぎ履きしやすいラクな靴

このような回答が返ってきます。しかし、

ラクな靴＝自由度の高い靴ではありません。
本当に体がラクになる靴は、本来の身体機能を自由自在に発揮できる靴です。

靴選びにこだわる理由は？　それは、日常生活を制限されることなく健康的に送ることができる期間＝「健康寿命」を延ばしたいからですよね。つまり、行きたいところに行け

るとか、やりたいことができるということ。そんな日常を、支障なく過ごせる健康期間のことです。

しかし何も対策しなければ、以前はできたことが、加齢によってそのうちできなくなります。**靴の中で足を自由気ままにしておくと、必ずどこかが不自由になります。**

まずは、土台づくりから。**週に2～3日、ひも靴で過ごしてみましょう。**そこから始めて、1年後に7割を目指しましょう。

◉靴の役割は3つある

正しい靴選びの目的は、歩行の安定です。靴の役割は3つ。

①体重を支える固定の役割
②足全体を覆(おお)いながら、靴が曲げられて推進する役割
③足の延長として機能する役割

足や靴は「とてつもなく複雑なこと」を一瞬でやってのけていることがわかりますね。

というのも、「固定しながら推進する」というのは「動くくせに、固定しなければならな

い」ということです。そんな矛盾した仕事を、靴は担っています。

足はひとつなのに、足ゆびと、土踏まずと、カカトとでは、担当する仕事がまったく違います。それぞれの足の運動性によって、靴の形は決まります。

靴の形には意味がある、ということです。無理のある形に、生活の大半を費やしてはいけません。

私は「ゴキゲン」という言葉が好きです。毎日、ゴキゲンな時間でいっぱいにしたい。ですから、「履ければ良い」「痛くなければ良い」ではなく、あなたの目的に合わせて、**行きたいところに行ける・やりたいことができる、その楽しみを奪わない靴を選んでほしいのです。**

◉選ぶべきは「スムーズな重心移動」ができる靴

では、靴屋さんでどう判断すべきか？　私のおすすめは、まず「靴を3つのエリアに分割する」ことです。

・後方（カカト側）
・真ん中（土踏まずや甲）

靴を3エリアに分割

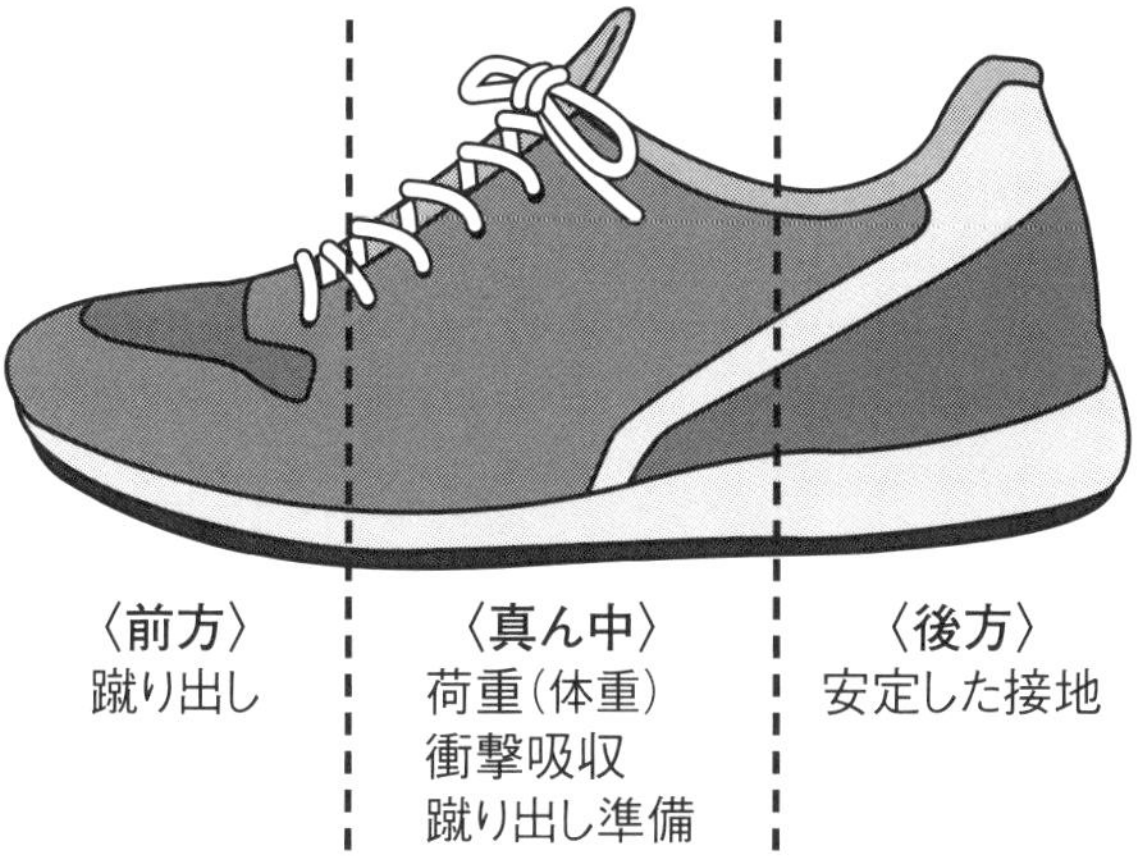

〈前方〉
蹴り出し

〈真ん中〉
荷重（体重）
衝撃吸収
蹴り出し準備

〈後方〉
安定した接地

重心の移動がスムーズでないと足ゆびなど前足部のトラブルになりやすい

・前方（足ゆび側）

この3エリアを使って重心移動をするので、担当する仕事がそれぞれ違います。だから、その仕事内容が靴に反映されていることが重要です。

歩行の重心移動は次の①➡②➡③の順で行なわれます。

①後方（カカト側）＝安定した接地
②真ん中（靴ひも部分）＝荷重（体重）・衝撃吸収（地面）・蹴り出し準備
③前方（足ゆび側）＝蹴り出し

「地面にカカトをついて、足裏全体がついて、足ゆびで蹴り出すとカカトが離れる」

この重心移動がカカトから足ゆびまで行なわれていない場合、足ゆびに多くの靴トラブルが見受けられます。そして、膝・腰・肩の痛みを訴えます。

これは歩き方に問題があるという以前に、重心移動しにくい靴の条件が、その問題をつくりだしているといえます。

「まさか、靴が原因だったとは」

「もっと早く知っていれば」

皆さま、異口同音です。

足と靴のトラブルに見舞われる前に、選ぶべき靴の5条件を知っておきましょう。

2 おさえておきたい靴選びのポイント

◉選ぶべき靴の5条件とは

条件1：カカトがかたい

条件2：靴の真ん中で折れ曲がらない

条件3：靴ひもやマジックテープなどの調整具がある

条件4：中敷きが取り外せる
条件5：カカトが深い

では、一つひとつ解説していきましょう。

【条件1：カカトがかたい】

カカトまわりには「ヒールカウンター」というかたい芯材が入っている靴を選びましょう。ヒールカウンターは表面生地の内側に内蔵されています。

■部分を触るとかたいのがわかる

ロングカウンターという長いタイプであれば、接地時の安定性はより向上します。

また、ヒールカウンターを割愛し、アッパー（靴の甲部分）の外側からかたさを補強しているタイプもあります。これも「ないよりはマシ」なので、予算に合わせて検討しましょう。

・ヒールカウンターの硬度を確認する

店内にある靴10足くらいのカカトまわりを「やさしく」触っ

てみてください。1足や2足ではわかりませんが、10足も試してみれば、どれが「より良いもの」かは、一般の方でも想像がつきます。

その際は、必ず手袋を着用するなど、商品を汚したり、キズつけないように配慮しながら、確認しましょう。細心の注意が必要なので、販売員の方と一緒に確かめるなど、お願いをしてみましょう。やたらと触ってはいけませんので、お子様ではなく親御さんが確認してください。

【条件2：靴の真ん中で折れ曲がらない】

靴の真ん中で折れ曲がってしまう靴には、「シャンク」が入っていません。靴の背骨の役割である「シャンク」の有無を確認しましょう。

シャンクは土踏まずの下にあるためアーチを支え、重心移動をしやすくする役割があります。足底全体に体重がかかるので、蹴り出し時に靴がゆがんで体が揺れないように背骨（シャンク）を入れ、重心移動を妨(さまた)げないようにしています。

シャンクが入っているかどうかを確かめるには、靴を曲げて確認します。靴が曲がっていいところは、足ゆびの付け根部分（ＭＰ関節）です。

足ゆびで蹴り出して「前へ進みやすくする」ため、ここだけ曲がるようにできています。

シャンクとMP関節の関係

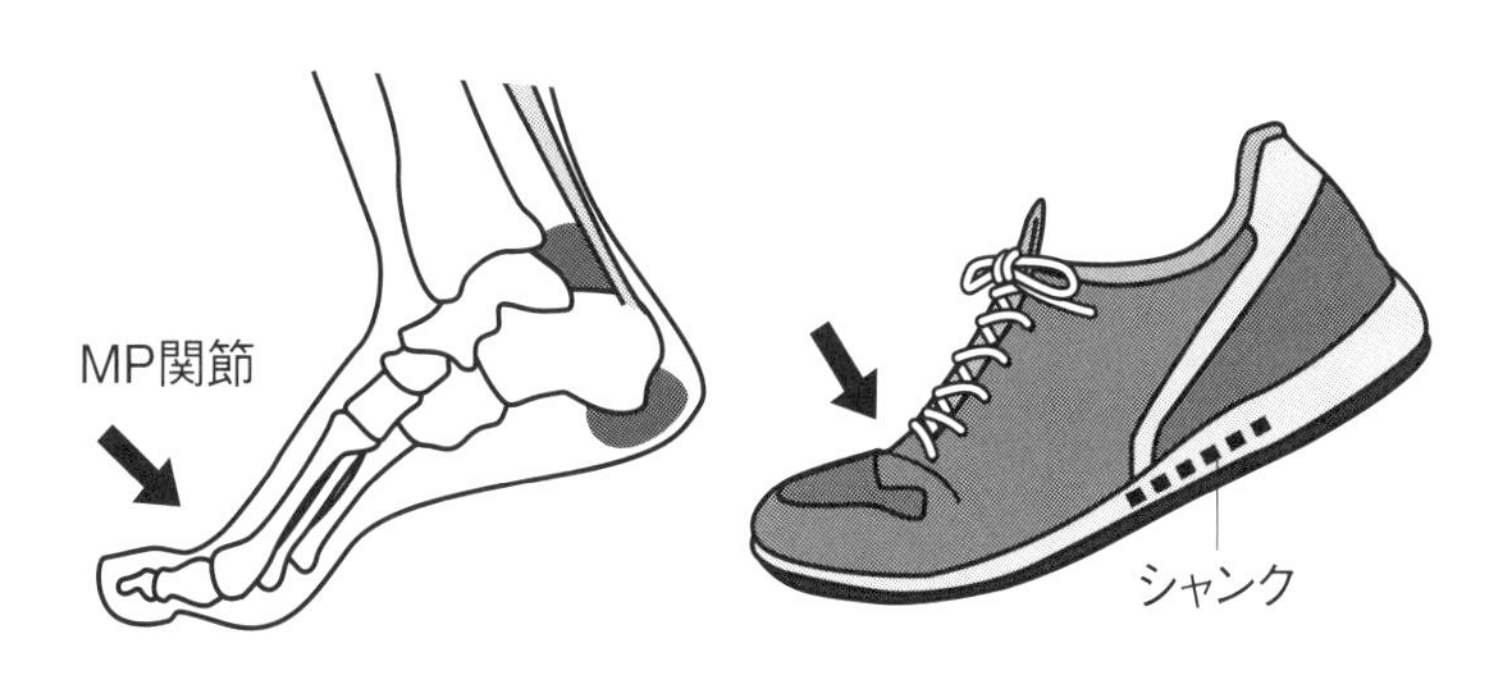

シャンクが入っていることで、重心移動がスムーズに

つまり、靴先3分の1が曲がり、地面を蹴り出しやすくなります。

このとき、シャンクが入っておらず真ん中から折れ曲がってしまう靴の蹴り出しは、当然弱くなります。

シャンクが入っていない靴の代表格が、子どもたちが履いている「上履き(うわばき)」と、高齢者が履いている「介護用シューズ」です。これらの靴は、いずれも安価でぞうきんのように絞れる、くにゃくにゃ靴です。特に上履きは、カカトはやわらかく・浅く、靴も真ん中で曲がってしまうので、まったくおすすめできません。

シャンクの有無の確認作業も、ヒールカウンター同様、くれぐれも慎重にお願いいたします。

【条件3：靴ひもやマジックテープなどの調整具がある】

靴ひも（シューレース）やマジックテープのような調整具は、足を靴に固定させる役割があります。甲や足底、カカトまわりの足と靴の隙間を最小限にする、唯一のパーツが靴ひもです。

ひもの形状は平たい平ひもを選びましょう。 丸ひもや革ひもはおしゃれで通しやすいですが、結びにくいため、平ひもほどのフィット感は得られません。

ひもは材質や幅、太さ、長さによって強度が変わります。摩擦や衝撃に強いナイロン、手触りが良く扱いやすい綿などがあります。平ひもは編み込み方によっても摩擦係数や手触りが異なります。**ひもの幅は5㎜程度**がちょうど良いでしょう。

平ひもにもいろいろあります。引っ張ったときに「程よく」伸び縮みするものを選びましょう（ゴムはおすすめしません）。

また、細過ぎるものは滑りやすくほどきにくいので避けます。材質でいえば綿製のものはうすく摩耗が早く、細いものが多いので、ナイロン製の編み込みタイプがおすすめです。丸ひもはおすすめしませんが、**「楕円形のひも」は使えます。** この楕円は糸の編み方・より方によって伸縮性が生まれ、形が一定でないため、滑りにくくなります。

・靴ひもを通す穴「シューレースホール」は数を確認

靴ひものことを「シューレース」といい、靴ひもを通す穴を「シューレースホール」といいます。

実はこの穴の数が重要です。シューホールは最低でも5個以上、24・0㎝サイズ以上は6個以上をひとつの目安としてください。少な過ぎると単純に履き口が広くなり、足の前のほうが自由に動き過ぎてしまいます。

一方、ゆび先まで穴があるような穴の多いひも靴だと、トゥーボックス（靴内部のつま先部分のこと）の高さが低い傾向にあり、ゆび当たりに影響します。となると、サイズを安易にアップさせる原因となります。どちらの場合もデザイン上の外観を優先した結果であり、本来の足の動きを妨げかねません。

・固定する役割は「マジックテープ」も

マジックテープの場合は、折り返し式で2本以上のベルトがおすすめです。機能性はひも靴に比べると劣(おと)りますが、幼児や、かがんでひもが結べない高齢者などにはとても便利なアイテムです。

また、**ヒールパンプスを選ぶ際は足首のストラップがあるものがおすすめ**です。マジックテープ方式や引っ掛けタイプ、ベルト式などいろいろありますが、ストラップにゴム部分がついていないほうが「伸びちゃう」ことがありません。

靴の世界では、マジックテープ方式を「ベルクロ」とか「面ファスナー」という名前で呼んでいます（「マジックテープ」は商品名であり登録商標）。面ファスナーは、甲部を広い面積で覆うタイプです。ワンタッチで便利ですが、面積が大きい分、微妙な調整まではできず、固定性は靴ひもより劣ります。取り扱いが簡便なので、介護シューズや幼児用に多く見られます。

足と靴の固定には、いろいろなタイプがあります。私は、ひも＋ベルクロの混合タイプのひも靴を着用しています。もちろんこれは、しっかりとひもを締めることができるタイプです。しかし、子ども用の靴では「ひも部分」がゴムでできていたり、ゴムは引っ張ることができない飾りタイプが多く、これらは装飾以上の意味がないので注意すべきです。

これらの調整具は、カカトを固定することを目的としていますが、同時に3つのアーチ（土踏まず）を支えています。

しっかり固定すると「土踏まずが上がる」感じがします。しっかりと固定するだけでアーチが上がり、足が健康に近づくのなら、やる気も出ますよね。調整具があるかないかは、とても重要なポイントなのです。

【条件4：中敷きが取り外せる】

靴の中の情報を知る、唯一の手掛かりといえるパーツが「中敷き」です。

靴の中はよく見えないので、使う側にとってはわかりにくく、作る側にとっては誤魔化し(ごまか)やすいところです。そんな靴の中にある中敷きですが、実はその役割は、クッション性・衛生面・吸汗性だけではありません。

①靴の中の広さ
②カカトのホールド感
③アーチの保持力

など中敷きを見れば、靴の中がどうなっているのかが想像できます。以下、中敷きによるサイズの確認方法を紹介していきますね。

①靴の中の広さ

まずは、カカトをヒールカップ（中敷きのカカト部分）に合わせて中敷きの上に立ちます。

「縦・横」が足のサイズに合っているものを選びましょう。このときに縦・横の余り具合を見てください。つま先は10～15㎜の余裕があるかを確認しましょう。

このつま先の空いているスペースが**「捨て寸（すすん）」**になります（70ページ参照）。**23・0㎝サイズのウォーキングシューズであれば、中敷きの縦のサイズは240～245㎜くらいが適当**です。

これは、靴の中で足が前に動くことを計算して、初めから設定されている「余白」部分です。靴ひもを結び、カカトからしっかりと接地できていれば、毎回その余白部分はリセットされ、足ゆびが当たることはありません。

しかし、この捨て寸の存在を知らないと、サイズは合っているのに「ゆび先に靴が当たるのではないか」と心配して安易なサイズアップにつながりますので、注意が必要です。

さらに、この捨て寸は、靴によってあるものとないものがあります。前述したように、ランニングシューズなどのひも靴でも目的によって、捨て寸がないものが多くあります。

②カカトのホールド感

一般的に中敷きは、うすくて平たいものがペラっと1枚入っていることが多いもの。しかし、より**機能性の高い靴の中敷きは厚く、そしてかたさがあります。**さらに**カカト部が「すり鉢状」**に丸まっていると、安定感が増します。

特にヒールカップのサイドが深く、後ろが浅い形状は、より安定感・ホールド感があります。こうした中敷きをヒールカップソール(または、ヒールカップ)といいます。

③アーチの保持力

靴とセットでついてくる中敷きのクオリティは、靴の価格に比例する傾向にあり、アーチの保持機能を左右します。

見分けるポイントは、靴先3分の1のところで、中敷きのかたさに差があるかどうかです。**前のほうはクッション性があるけどやわらかすぎない素材、残りの3分の2はややかたい素材**でできています。

これは、「シャンク」のところで解説したように(90ページ参照)、足ゆびの付け根「MP関節」で踏み返しがしやすいように、かたさに差をつけて曲がりやすくしているものです。同時に、真ん中のかたさは土踏まずのサポートにも役立ちます。

靴と同様に、中敷きに適度なかたさがあると足のプロポーションが維持しやすく、床からの反力(はんりょく)を最大限に利用できるので、蹴り出し動作を強める効果があります。

中敷きは足底と直(じか)に接するため「作り手が、どのくらい足のことを考えてくれているのか?」を推し量(おしはか)れるパーツです。

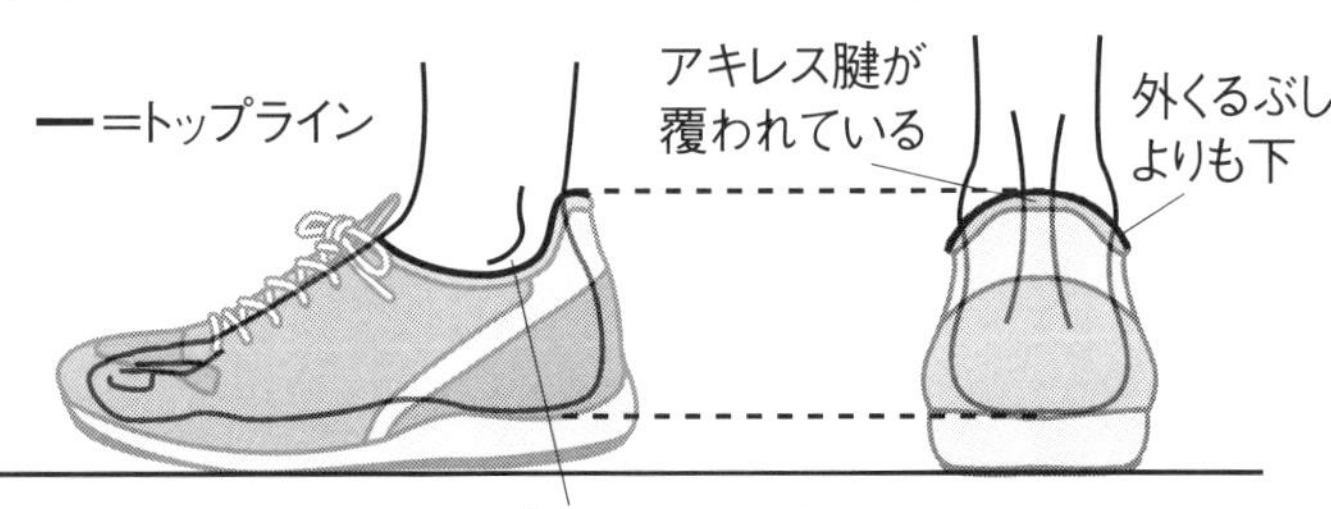

見えない箇所にこそ、こだわりが隠されているのです。

【条件5：カカトが深いもの】

カカトの深さは重要です。少し浅いだけで、カカトが動く感じがわかります。

足を内側から見てみましょう。すると、カカトの丸みがわかりやすいです。丸いから動きやすい。これを動かないように固定するためには、アキレス腱をある程度覆うための深さが必要です。

- 内側は内くるぶしよりも下
- 外側は外くるぶしよりも下
- 後ろ側はアキレス腱をつまんだとき「一番細い筋張(すじば)ったところ」よりも上

ここに履き口（トップライン）が位置する靴がベストで

す。外くるぶしにかかってしまうと痛いですし、アキレス腱は覆われているほど（ミッドカットなど）安定します。

靴の履き口の「へり」部分をトップラインといいます。パンプスやおしゃれ靴など、靴のデザイン性が高まるほど、このへりは低くなり、同時に履き口も広くなります。浅くて広いため、単純にカカトは動きますし、最悪の場合は脱げます。

歩くたびに、カカトが靴から出たり入ったりする動きがあると、脱げないように足を上げずに歩くようになってしまいます。したがってカカトを固定し、スッポ抜けないようにすべきなのです。そのためには、靴の深さを軽視してはいけません。カカトが細い足ほどカカトは深く高さのあるものを選びましょう。

◉どこで買うのが安心？――お店選び

靴店は、チェーン店・百貨店・大型スポーツ店等と、個人経営を含む足と靴の悩みに特化したお店（以下、専門店）に分類されます。ひと通り見て回ると、安売り店ほど「原価の安い靴」を集める傾向にあることがわかります。そうした靴は原価や人件費にコストがかけられません。

反対に高い靴はそれなりの材料を使用していますので、信頼度も高い。専門店では数万円の靴が並んでいますが、そこには**専門性やアフターフォローなど面倒見の良さも、料金も含まれています。**一番困るのは、決して安くない価格なのに専門性の高くないお店です。

私は「生活の7割以上」をひも靴で過ごしていますが、パンプスやブーツなども履く機会があります。靴は、身に着ける衣服のデザイン性・フォーマル度が高まると、デザイン性が優先され機能性が失われます。つまり、靴選択の難易度は格段に上がります。パンプスなどの超難解な靴ほど専門性が必要です。

その第一フィルターとして「**計測しない靴店**」**は100％避けます。**計測は手間暇（てまひま）がかかる作業ゆえに、それが店側の思いを反映しています。さらに、調整・修理・メンテナンスなどのバックアップ態勢が整っている専門店であれば、大きな安心材料となります。

最近では、ネットで取り寄せて自宅で試し履きすることができるサイトが増えています。世界的ネット通販のアマゾンでは、「ワードローブ」というお試しシステムがあります。

このようなお試しシステムを独自で展開している靴店も多く、その企業努力には頭が下がります。販売員さんから直接アドバイスはもらうことはできませんが、まずは、**実店舗での満足度・経験値を高めてから、ネット通販を利用すると良い**でしょう。

返品・交換可能なサイトであれば、試し履きもゆっくり・じっくり行なえます。靴を見る目が肥（こ）えてくれれば、メリットも多いので、上手に利用することが大切です。

インソールも同様です。既製品のインソールはたくさんのメーカーから何種類も発売されているために、どれが良いのかわからないですよね。

靴店にはサンプルもありますし、お手頃価格なので入門編には最適でしょう。専門店であれば、あなたの足の骨位置に合わせて、簡単な調整サービス（有料）を多くのお店で行なっています。

靴はもちろん、パット調整やオーダーメイドインソール作製の場合、遠方ではなく同じ地域や、せめて県内としましょう。運動施設や百貨店などの催事イベントでよくある、遠方業者による後日納品は、アフターメンテナンスが困難です。ちょっとした調整や修理も気軽にはできません。

どんな素晴らしい技術でも、金銭的・体力的負担が大きいと足が遠のくものです。「遠くの親戚より、近くの他人」のような感覚で、やはり近いと頼りになります。

靴の価値は、価格で決まるわけではありません。しかし、企業も利益の追求なくして供給はできません。

最も重要なことは、あなたの歩行能力であり、足りていない身体機能を補う靴かどうかです。あとは靴と体の使い方次第で、歩行は改善も悪化もします。

安い靴というと誤解を生みますが、要は脚力（歩く力）があれば、安い靴（＝機能が割愛された靴）でも対応できる可能性があります。
「若いときはハイヒールを履けたのに、今はとても無理」といったように、筋力・脚力・アーチの低下は、靴機能とは反比例するのです。

◉誰に相談するのがいい？——専門家選び

販売員は知識の宝庫です。ひとりで悩まず必ずアドバイスをいただきましょう。
•外反母趾やタコ・魚の目などの足と靴のトラブル→シューフィッターなど専門職
•整形外科的疾患が強い場合→義肢装具士
•脚長差があるなど靴改造を伴う場合→靴職人
こうした専門職のアドバイスも重要です。
足計測や靴診断の結果の理由を、やさしく解説してくれるとわかりやすいですよね。しかし、**専門性が高い販売員ほど、商品の話はしません**。「これは新作」だの、「お色違い、サイズ違いもお出ししますよ」などのフレーズで話しかけてきません。
インソール作製スキルがある販売員は、必ず足や靴についての勉強をしています。足計測はもちろん、歩行分析、関節可動域、足音、表情、呼吸、話し方、ケガ歴、手術歴、スポーツ歴など、あらゆる手がかりを探そうとします。よって、話しかけてくる内容が違うのです。

また、資格を持っているというだけではダメです。当然、人によって違いますが、国家資格も民間の認定制度も、目の前の人の悩みに役立ってこそ、その意義があります。さらに、靴に詳しいだけの話の長い人にも注意が必要です。解決方法を簡潔(かんけつ)に提示してくださる専門家を選びましょう。

専門店の販売員であれば、基本事項は教育されているはずなので、質問してみるのもひとつの方法です。ですが、あくまで相談ですので、難解な質問や知ったかぶりは、かえって警戒されアドバイスがもらいにくくなります。謙虚な気持ちを忘れずに、教えていただくというスタンスで訪問しましょう。

3 靴選びの疑問に答えます

「靴選びの型」はありますが、靴選びの疑問は足の数より多いというのが正直なところです。ここでは、よくある質問の中から5つをご紹介します。

Q1：靴は、いつ買うのが良いですか？

A1：靴は午前中に買いましょう

よく「靴は夕方買ったほうがいい」といわれますが、私は午前派です。それは「足も体も、朝が一番元気だから」です。

活動中は、自身の体重を足裏で支えるため、時間が経つにつれて、足部のアーチは徐々に低下します。アーチが低下すると、足は縦横方向に伸びるため足が大きくなる、さらにむくむという現象が起こりますが、これはその人の基礎代謝や、活動量によって個人差があります（※3）。

たとえ夕方に足長が大きくなったとしても、「捨て寸10〜15㎜」をもって増大分を吸収することは可能なはず。睡眠によってアーチは回復するので、朝の土踏まずをなるべく長くキープすることが重要です。夕方崩れた足型を維持するようなサイズ感は、靴サイズがどうしても大きくなりがちなため、午前中をおすすめしています。

Q2：ウォーキングシューズは、いくらぐらいのものが良いですか？

A2：前述の「靴の5条件」からすると、1万円くらいがボーダーラインです

スニーカーとウォーキングシューズとでは目的が違います。ウォーキングシューズとは、

歩行に最適な機能を強化した靴です。例えば、足首や甲をしっかり押さえるひもやベルト、衝撃吸収性の高いソール、汗を吸収する機能などを備えています。

予算が1万円以下であれば、メッシュ素材（布地（ぬのじ））、または人工皮革が良いでしょう。人工皮革も本革仕様も、革のかたさやわらかさはいろいろです。人工皮革のメリットは、安価で雨やキズに強く、ほとんど手入れが必要ないこと。半面、大半の革は伸びにくく、本革よりも蒸（む）れやすい、経年劣化によりひび割れる、などが挙げられます。

本革仕様となると、国内メーカーの1・5万〜2万円くらいがひとつの目安となるでしょう。本革の利点は多く、足の形に馴染（なじ）みやすいこと、耐久性、通気性、手入れ次第で長持ちします。手間をかければ経年変化、いわゆる革の「いい味」も楽しむこともできます。

Q3：足計測をしてから靴を購入。外反母趾のため、幅広で大きめサイズを勧められましたが合いません

A3：靴ひもを結んでも土踏まずが感じられない場合、サイズ・ウィズを落とすか、別の靴にするか、お店を変えましょう

外反母趾の場合は特に、足計測を荷重・非荷重の両方で行なってみてください。その差が大きい場合は、大きめ・広めの靴では、正しく履いていてもイマイチ土踏まずが感じられないはずです。

「外反母趾＝幅広シューズ」という自動接客をする靴店は、専門性が低い傾向にあります。「足を測ってくれる店＝良い靴に出会える可能性が高い」ものの、このように足の個性をあまり考慮せずに選択してしまうと、何百万円もする足型計測器は「宝の持ち腐れ」となりかねません。

Ｑ４：いつもお店で履いてから購入しているのですが、自分に合った靴になかなか出会えません

Ａ４：短時間で靴を決定していませんか？　靴は３種類以上を2サイズずつ（自分が考えていたサイズとその下のサイズ）を合わせて10足くらい、試し履きしてみましょう

靴は短時間で買ってはいけません。この時点で、靴店での滞在時間は長いことが予想できることからも、午前中にお出かけすることをおすすめします。

毎回ではなくても良いので、まず1回目の訪問では、10足をひとつの目安としてみてください。10足も履けば、靴知識がゼロでも、どれが良くてどれがダメな靴なのか、くらいはわかるようになります。まずは80点を目指すことが目標です。

このときに超重要なのが、履き方を一定にすること。履き方にルールがないと、靴の正しい評価ができないからです。必ず販売員に履き方を教わるか、第4章を参考にして自分でもチャレンジしてみましょう。

Q5：新しい靴はカカトの靴ずれがします。革靴だと親ゆび、小ゆびも痛くなります

A5：カカトには「靴ずれしやすいカカト」があります

足にも靴にも「ヒールカーブ」という、曲線があります。ヒールカーブとは、アキレス腱からカカトの最突出部（一番出っ張っているところ）にかけての丸みをいいます。

しかし、カカトに丸みを帯びている足と、〝絶壁カカト〟と呼ばれるあまり丸みのないまっすぐなカカトがあるのです。そして靴のヒールカーブと合いにくい「絶壁カカト」の足ほど、靴ズレが起こりやすい。普段は靴ズレしない人でも、新しい靴をおろしてしばらくは、カカトに絆創膏（ばんそうこう）を貼っておきましょう。

まだ革が馴染んでいない初めの1か月は、いきなりウォーキングや旅行、1日かけての外出などは避け、まずはスーパーへ買い物に行く、くらいから慣らしましょう。足のやわらかさと靴のかたさが合っていないために、親ゆび、小ゆび、カカトなど骨が出っ張っているところに影響します。「高かったから」「インソールを作ったから」など価格やインソールへの過信は禁物（きんもつ）です。

まとめです。

靴のふたつの役割——「固定性」と「推進性」——は、カカトの固定力によって足ゆびの推進力が決まる、ということです。

すべては「前へ進むため」に作られています。まるで「人生」のようですね。自分の足でいつまでも歩きたい。自分に合った靴で、ゴキゲンな時間を過ごしたい。

- 行きたいところに行ける
- やりたいことができる
- 痛みなく歩くことができる

体の土台から、人生を支えよう。

「自分のゴキゲン時間」を増やすために、**人生がキラめく靴選び**をぜひ、試してみてください。

4章

「シンデレラフィット」を生む靴の履き方

1 しっかり靴ひもを結べば足はラクになる！

◉5万円のオーダーメイドパンプスより、1万円のひも靴

私は日頃、セミオーダーパンプスを作製・販売していますが、それよりも、既製品のひも靴のほうがはるかに優秀です。それは、カカトの安定・衝撃吸収・蹴り出し、このすべてを確実にサポートしてくれるからです。

靴ひもは、オーダーメイドシューズのように、自分の足仕様に調整できる唯一のアイテムです。

例えば風呂敷（ふろしき）で何かを「包む」とき、その両端で結びますね。中身が着物や食べ物、形が不揃い（ふぞろ）な雑多（ざった）なもの、どんな形状のものでもひとつにまとめられる便利グッズです。

私は出張のときに、1日分ずつ服を風呂敷にまとめます。服はやわらかいので、たたんで入れても鞄（かばん）の中で動いてしまい、すぐに形が崩れてしまいますよね。しかし、風呂敷でちょっと丸めるように包み、キュッと結ぶと、全体にかたさが出ます。それが「ひとつの塊（かたまり）」となり、形が崩れることはありません。

靴ひもも同じです。

やわらかい足を包むように、その形を守るように、足を丸めるのです。

最後にキュッと結ぶと、やわらかい足がシャンとします。


これなら断然、足が運びやすい。ここからは、そんな靴ひもの役割についてお話ししましょう。

◉靴ひもは土踏まずを持ち上げ、アーチを保持する役割

先の「風呂敷を丸める」話の続きです。

足はちょっと丸まっていると気持ちがいいけれど、足がベタっと平たくなるとつらくなります。靴ひもの役割は、まさにこの「足を丸める」ことです。

それを具体的にいうと、こうなります。

①足と靴の隙間(すきま)をなくす
②甲側から締めることで、土踏まずを持ち上げる
③土踏まずが持ち上げられると、カカトが正位置におさまり安定する

①は説明不要ですね。隙間をなくして足全体を安定させることです。
実は、次の②と③に、**靴ひもの驚異的な底力**があります。

まず②の「甲側から締めることで、土踏まずを持ち上げる」についてから説明していきます。

足部には3つのアーチがありました。

- 内側縦アーチ
- 外側縦アーチ
- 横アーチ

左図のように、この中の横アーチには、3つの横アーチが存在します。

3つの足部アーチは三脚構造
3つの横アーチはトンネル構造

つまり、三脚とトンネルという二重の保険をかけて、互いを支え合っています。このよ

3つの足部アーチと3つの横アーチ

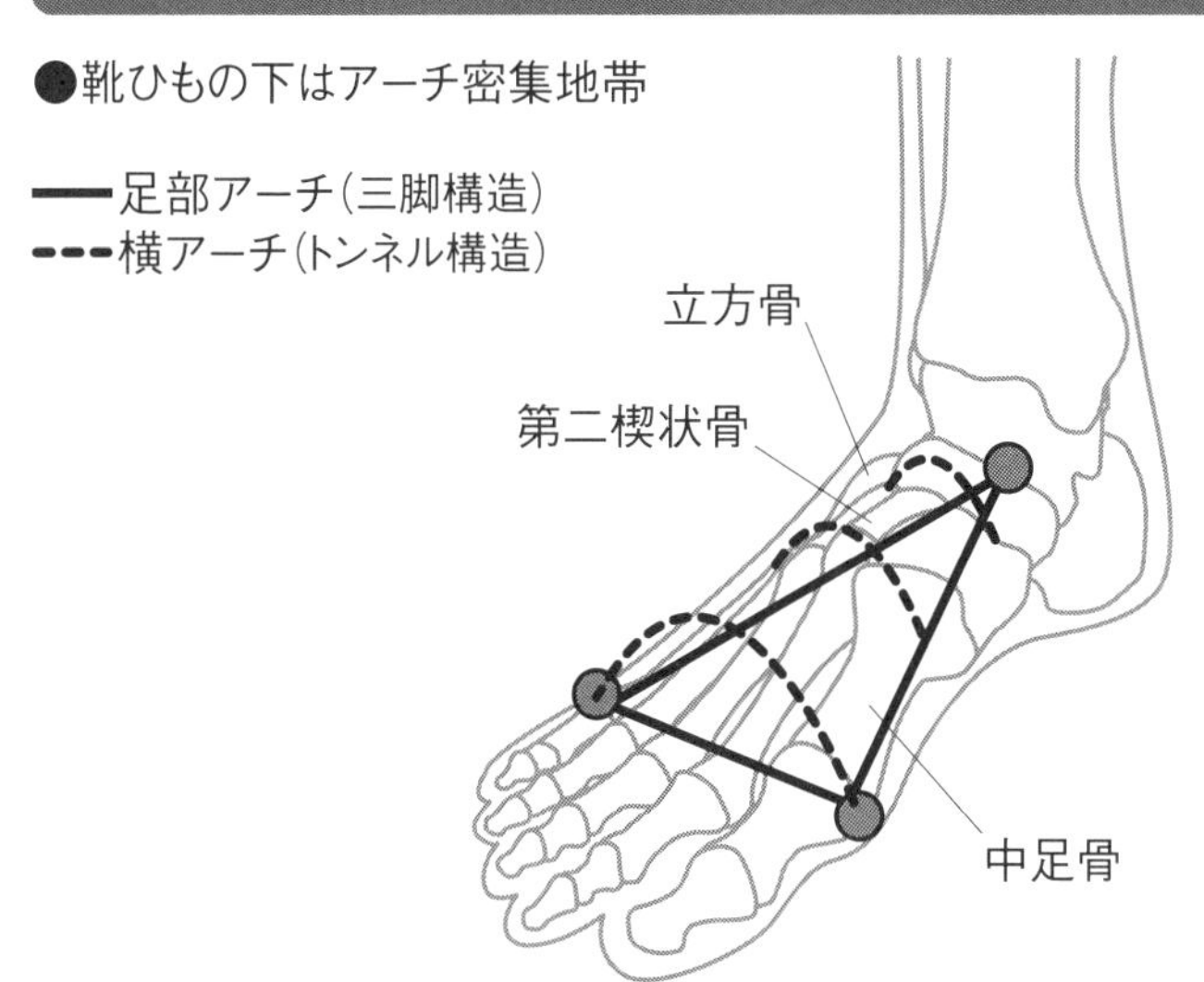

うに、靴ひもが位置する甲部の下には、縦と横3つずつのアーチが配置されています。

このアーチ密集地帯の上に「靴ひも」は位置しているのです。この場所を締めることで、土踏まずが持ち上がり、アーチ全体の形状を維持することができます。

だから、甲部に何の締め付けもないパンプスはアーチが崩れやすいのです。

アーチ形状をつくっている骨の中で、中足骨（ちゅうそくこつ）という「足で一番長い骨」があります。この5本の骨は、3つの足部アーチと3つの横アーチすべてに関与している重要な骨です。例えば、「幅広足（通称：ばんびろ）」と呼ばれる幅の広い足は、この5本の中足骨の、骨と骨の間の筋肉がゆるんでいます。これは、**ゴムスカートの法則**で説明できます。女性が伸縮自在のゴムスカートばかりはいていると、次第にくびれがなくなってしまうのと同じで、「大きめ・広めのサイズの靴という環境を与えてしまうと、足の幅も広くなる」というもの。

中足骨は、この骨と骨の間の筋肉（骨格筋）をゆるめないように丸めておきたい場所です。その一方で、横アーチのトンネルを作りながら同時に残りのふたつの縦アーチも「ヨイショ」と持ち上げる仕事もさせないといけない。それには、外から靴ひもで締め付ければいいのです。

靴ひもを締めることによって、足は丸められる。この「まるまり」によってアーチが保持され、足はシャンとする。さらに「まるまり」によって転がりやすいカカトは正位置におさめられて、同時に、足ゆびは接地ポジションに入る。

一体、ひとりで何役やるのやら。これが、靴ひものすごいところです。

◉土踏まずと弓矢の弓との意外な関係

さて、次は③「土踏まずが持ち上げられると、カカトが正位置におさまり安定する」の役割について。

「なぜ、ひもを結ぶと、土踏まずを持ち上がって最終的にカカトが安定するのか？」

です。

3つの足部アーチのうちふたつのアーチは、踵骨（しょうこつ）から始まっています。「アーチ」は英語ですが、日本語にすると「足底弓（そくていきゅう）」というそうです。

初めて聞いたときに「**なんてピッタリな表現なんだ**」と感激しました。私はアーチを説明するときに「この弓なりの部分が土踏まずだよ」などと説明しています。私の世代は「アーチ」のほうが聞き慣れているので、足底弓は「当て字」みたいに感じますが、まさにその通り。弓矢の弓です。

よく見る竹弓は、竹とひもがあればカンタンに作れます。「竹」部分の弓と「ひも」部分の単純構造で、竹弓を足構造にたとえて説明すると、

- 弓部分は……アーチ（竹の部分、引くとしなるところ）
- 弦（つる）部分は……足底腱膜（そくていけんまく）（ひもの部分、ピンと張るところ）

矢が勢いよく飛ぶときとは、この持ち手の竹部分が十分にしなっているときです。弓を引き、矢を放（はな）つと、弓が元に戻ろうとする力が、無駄なく矢に伝わります。弓がよくしなると、その分、戻る力が大きくなり、矢に勢いが出るのです。

と、昔でんじろう先生がテレビで言っていました（笑）。

この戻る力こそが、「足のアーチはバネの役割です」と説明される所以です。ですから、弓がしなっていないと弦はピンと張れないですし、カカトは正位置に入れません。弓がしなると両端が曲がります。弓の両端がカカトとゆび先だと考えてみてください。この意味はわかりますね。つまり土踏まずが持ち上がると、両端のパーツはしなるのです。


数年前のことです。ウチの息子が弓道を始めたころ、

「おかーさん、弓ってどこを持つと一番飛ぶと思う？」

と質問をされ、「やっぱり真ん中でしょ？　人間も真ん中が大事だしね」と私が答えると、

「ちがうんだなー」とニヤニヤ顔。

「正解は、下から3分の1くらい。そこにあるグリップを持つと、弦の振動が少なくて一番安定するんだよね。だから、一番遠くに飛ぶんだよ」

と自慢げに解説されたことがあります。

なるほど。そうなのか、知らなかったなー。

「ん？　待てよ？」

次の瞬間、ハッとします。

弓がしなることで生まれる足部アーチ

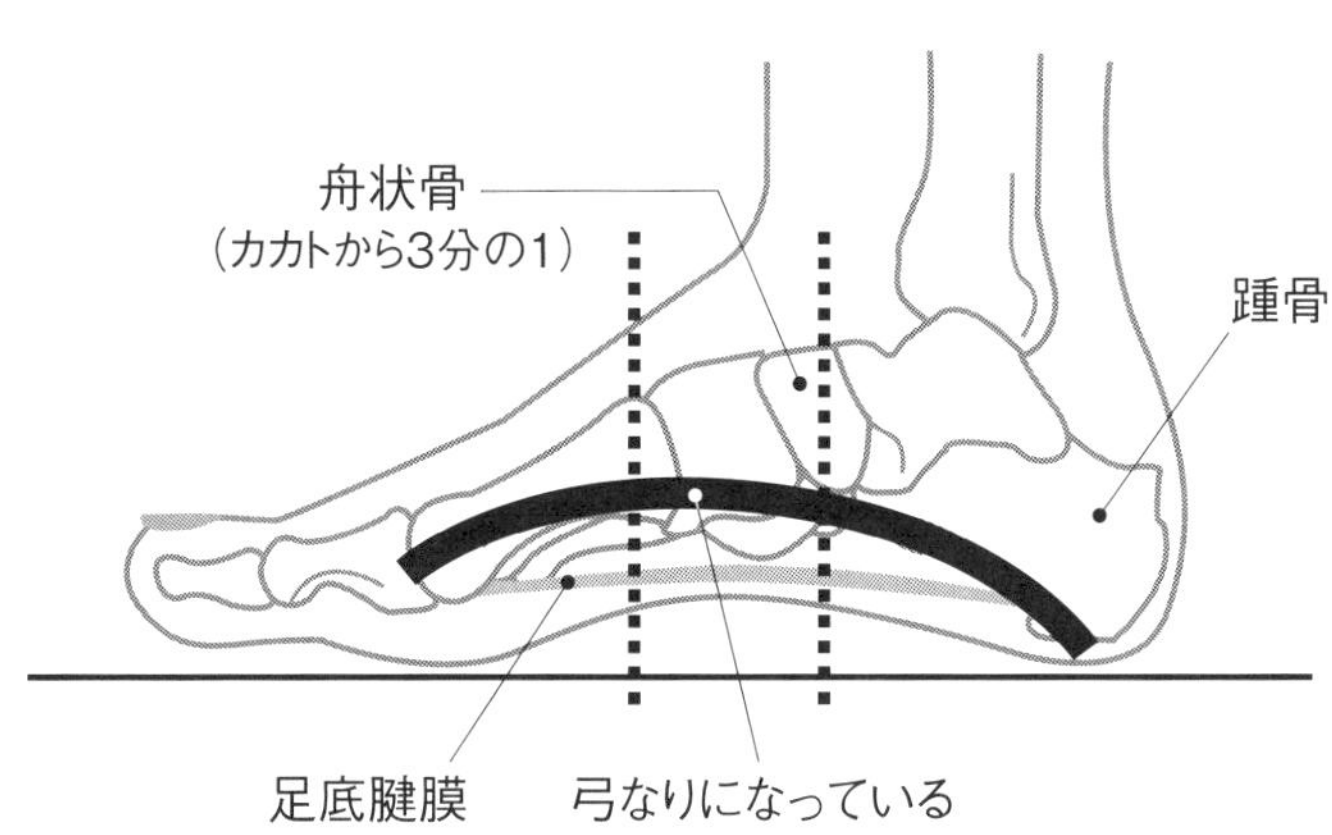

下から3分の1のところ……カカトから3分の1のところ……。

「そこって、舟状骨のところじゃん！」と叫ぶ母。息子は「は？」と、あきれ顔。

そうか、そうだったのか……。

弓の下から3分の1くらいを持って、弦を弾くと、一番遠くまで進む……それは、歩行と同じです！

あとで触れますが、**舟状骨は靴ひもを結ぶ際、内側縦アーチ（土踏まず）部分の「要石」**です（126ページ参照）。この舟状骨の高さが低下すると、アーチは低下します。

バネ（足のアーチ）を使うと歩幅や速度が増すとは、このことだったのです。人間って本当に良くできていますね。神は私たちの体内にいる！

大切にしないと、バチが当たりそうです。ホント、大切にしましょう。

◉靴ひもをしっかり結べばカカトも安定する

弓がしなることによってできる足部アーチ構造（土踏まず）を理解したところで、いよいよラスボス（一番手ごわい敵）の登場です。

履き方においてのラスボスとは、「カカトの不安定感」です。私たちは靴ひもという最強アイテムをもって、このラスボスに挑みましょう。

これまでは、靴のサイズや、履き口の広さなど「靴の大きさ」からカカトを安定させて、アーチを維持するということを、ずっと説明してきました。

今度は骨です。

靴ひもによって、甲側からの足の骨を拘束（こうそく）すると、足底弓の弓部分がしなってカカトの骨がナナメに傾き、いいところでおさまり（安定し）ます。

この「踵骨のナナメの角度」を**踵骨傾斜角**（けいしゃかく）といいます。

この「ちょっとナナメ」というのが、骨格ファッション上、（そんなファッションありませんが）めっちゃイケてるわけですよ。

ナナメという機能的デザインは、靭帯（じんたい）と腱膜に引っ張られることによってできています。

・アーチ側……底側踵舟靱帯（ていそくしょうしゅう）
・足底側………足底腱膜

このコムズカシイ名前の方々が活躍しているおかげで、カカトはナナメになれています。少し大げさに言いますけれど、ナナメを引き出す「靴ひもの威力」は人類の存亡に関わります（笑）。というのも、このナナメがなくなって、踵骨が床面と平行になっちゃうと、私たちは直立できずに四足歩行に戻っちゃいますからね。ヒトがヒトでなくなる。

覚えていますか？　歩行における、人類と類人猿の決定的な違いは「土踏まずがあるかないか」だったのですから（30ページ参照）。

◉2000年経っても崩れないファブリツィオ橋

ここまで一気に書いて、目が疲れたので眼鏡（めがね）をはずしました。ちょっと難しい話ばかりなので、眼鏡の話へ脱線します。

私は、地図を片手にひとり気ままに山や旅に出かけるのが好きです。そしていつか、イタリアの「ファブリツィオ橋」という、紀元前の眼鏡（アーチ）橋を見に行きたいと考えています。

眼鏡橋とは、ふたつ連なった石造2連アーチ橋のことで、日本では「長崎の眼鏡橋」が有名ですね。その構造が、私には足の「横アーチ」にしか見えないのですが（職業病）。

いつも思うことがあります。それは、なぜその橋は2000年以上も落ちていないのか？ということです。

ヒトの足の横アーチは簡単に崩れるのに、アーチ橋のアーチはなぜ崩れないのか？　そこに、重大なヒントが隠されているような気がするのです。

◉橋のアーチに似た足のアーチは、なぜ簡単に崩れる？

足部アーチは、アーチ橋と似た構造をしています。

ルネサンス最盛期に活躍した、レオナルド・ダ・ヴィンチは画家として有名ですが、建築学・物理学・天文学・幾何学・地質学・数学などにおいても他を圧倒する功績を残しており、「万能の天才」といわれています。彼は、

「足は人間工学上、最大の傑作であり、そしてまた最高の芸術作品である」

という言葉を残しています。

アーチ橋とは、かまぼこ形の曲線で、その構造を使って荷重を支える橋の形式です。で

は、なぜ重い石で造られた「橋の真ん中の石」は落ちないのでしょうか？

左図のアーチ橋の造り方を見てください。真ん中の石は、上辺（じょうへん）が長く、下辺（かへん）が短い台形になっていますね。この楔形（くさびがた）状の石を、**要石**というそうです。

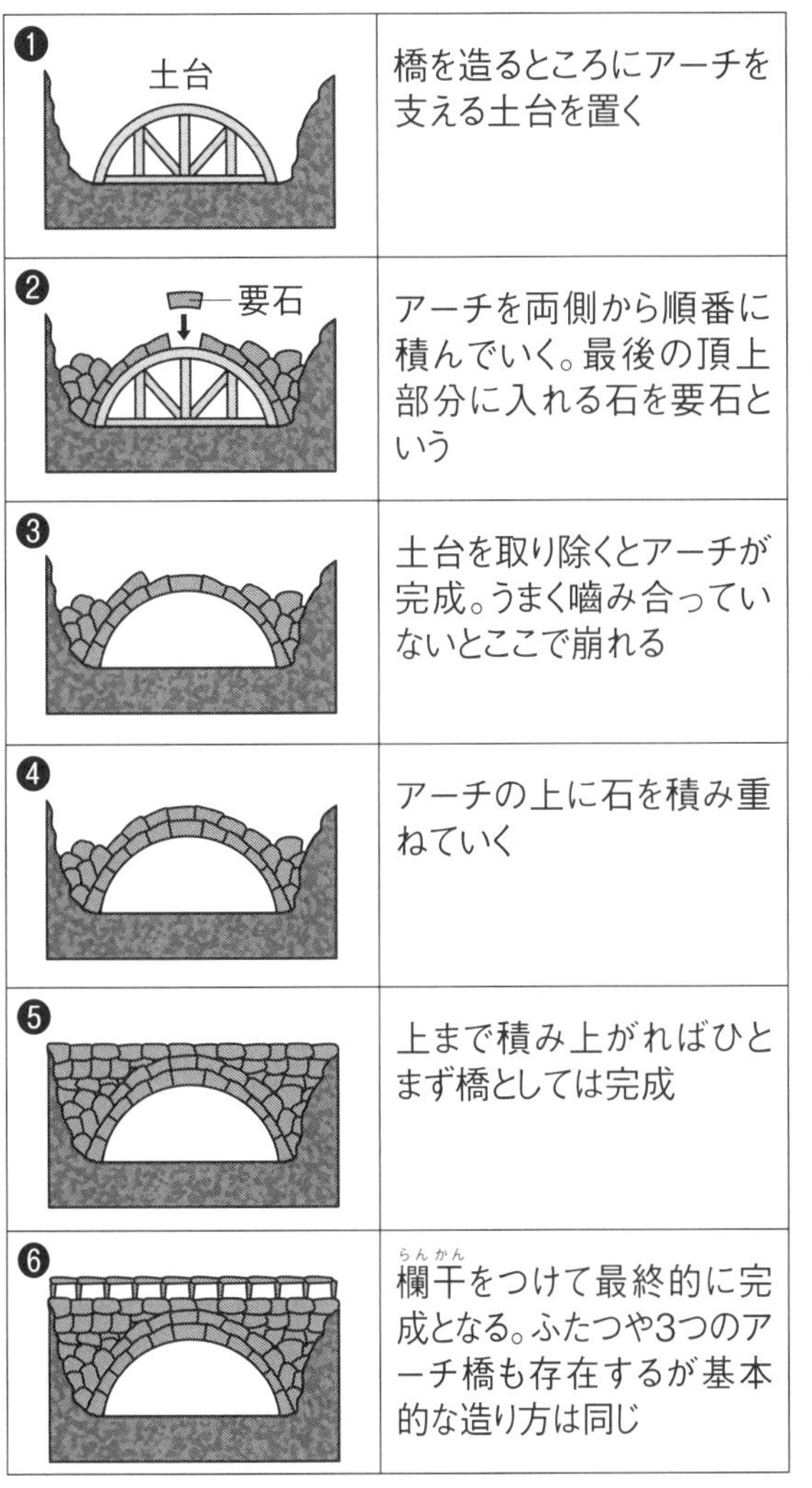

アーチ橋の造り方

❶ 土台	橋を造るところにアーチを支える土台を置く
❷ 要石	アーチを両側から順番に積んでいく。最後の頂上部分に入れる石を要石という
❸	土台を取り除くとアーチが完成。うまく噛み合っていないとここで崩れる
❹	アーチの上に石を積み重ねていく
❺	上まで積み上がればひとまず橋としては完成
❻	欄干（らんかん）をつけて最終的に完成となる。ふたつや3つのアーチ橋も存在するが基本的な造り方は同じ

ちなみに、楔（くさび）という字を辞書で引くと、ふたつの役割があるようです。

①隙間を広げてものを割る（木を切り倒すときなど）
②物と物とが離れないように周囲から圧迫する（木造建築の柱組みなど）

橋の要石は②のはたらきをします。橋の上に人や乗り物が通ると重力や荷重がかかって押されて縮み、要石は圧縮されます。つまり、**左右の石からの圧迫によって、楔形の要石は詰まって落ちない**のです。この逆台形のような形が、橋・アーチが落ちない・崩れない理由だったのです。

これと同じ構造をしているのが、足部の骨組みです。足の構造にもいくつかの要石がありますす。足の骨模型をひっくり返してみると**「ひと際すごい楔形の骨」**がひとつあります。それは、第二楔状骨（だいにけつじょうこつ）（113ページの図参照）という骨です。この骨は足の甲の高さ（足高（そっこう））を決める骨でもあり、足と靴の隙間（すきま）（土踏まず）の高さが最も高いところです。

骨を上から見たときと、下から見たときとでは「面積」が全然違います。このように、片足28個という小さな骨は、きわめて「緻密（ちみつ）」に並べられ、**その形を上面・下面の面積を変えることで**、骨組みの強度を増していたのです。

アーチ橋の強度の秘密

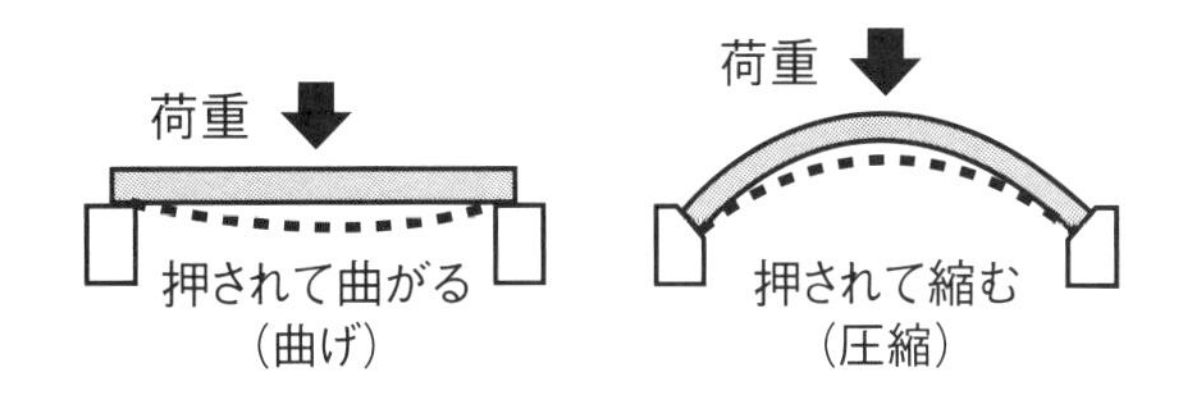

〈正しいアーチ橋〉

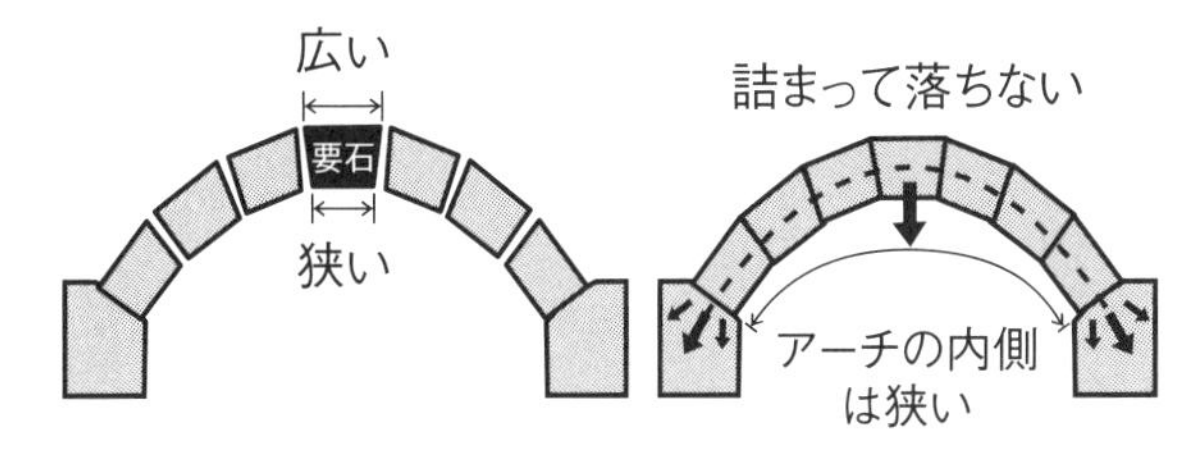

〈要石を天地逆にしたアーチ橋〉

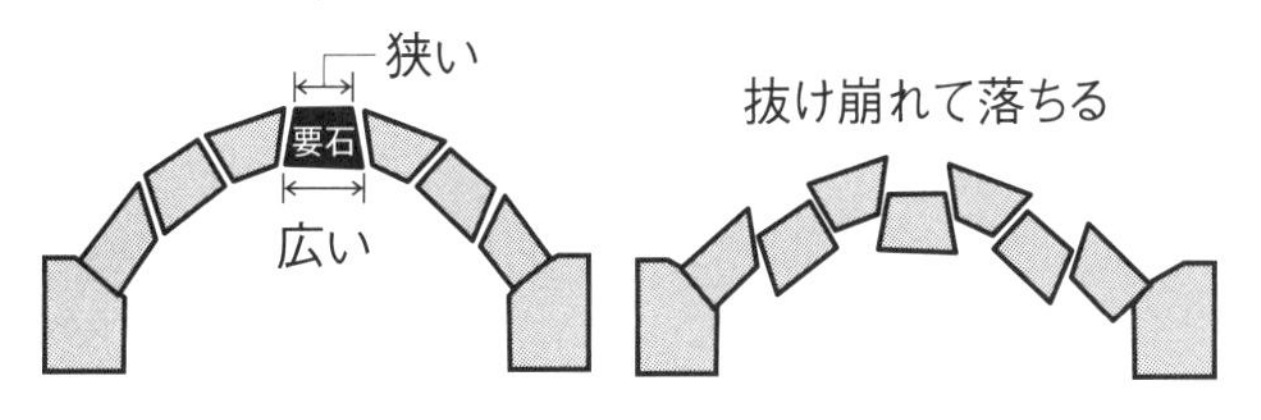

橋の工事で重要なことは、圧縮の重みを強固な両岸に伝えることだそうです。

橋はそもそも川などに架けられています。石は引っ張りや曲げに弱いけれど、圧迫には強い。この性質を利用します。重み（石の重量や人々の往来による荷重）による、要石への圧迫は、要石の横の石からそのまた横の石に伝わり、最終的に両岸の壁が常に押されることで、橋は落ちないのです。橋のアーチも、両岸が強固な岩盤（がんばん）だからこそ崩れないわけですが、橋の両岸とは、靴でいうところの、

- カカトとつま先（足長（そくちょう）にあたる）
- 親ゆびと小ゆびの付け根（足幅（そくふく）にあたる）

の部分です。カカトとつま先を結んだ距離である足長が合っていない「大きめの靴サイズ」や、足幅が合っていない「大きめウィズ」だと、アーチに対して両岸まで遠く、アーチの強度は低下するというわけです。ここで前に提示した問いに戻ります。

アーチ橋のアーチは崩れないのに、ヒトの足のアーチはどうして簡単に崩れるのか？

答えは、靴の縦・横サイズが合っていないから。

これらのことを知った数年前、私は感動しました。まるで、パズルの最後のピースが、「ピタリ」とはまったときのような気持ち良さでした。

「足は、最大の傑作であり、最高の芸術」

これは、いくつかの要石が楔効果（くさびこうか）を互いに発揮し、あの踵骨の角度をもって各部の「デ

ザイン性と機能性を兼ね備えた、美しく強固な構造」を言い表しています。

足は、ひとつの建築かもしれません。どんな宮殿よりも、美しく素晴らしい。

ファブリツィオ橋を造った古代ローマ人は、まるでヒトの足構造を熟知していたかのように、見事な橋を完成させました。そして、その素晴らしい橋を、たくさんの人々が行き交い、その暮らしを便利に、そして安全にしたのですね。

◉靴ひもを結ぶときの勘所「ピコピコライン」とは

「あなたは靴のひもを結ぶとき、どこを一番強く締めますか？」

こう聞くと、

最も多い答えは「一番上（甲側）」で、
二番目に多い答えは「全体的に締める」です。

また、「靴ひもを結び直すことはない」と答える人も少なくないです。

しかしながら、すべての物事には「勘所」というものがあります。ここでいう勘所は「はずすことのできない大事なところであり、はずされてしまうと、それ全体が機能しなくなる、いわゆる急所」です。

では、靴の履き方の勘所はどこなのか。それはあの「要石」にあります。

- 内側縦アーチの要石は……舟状骨
- 外側縦アーチの要石は……立方骨（りっぽう）

ここが、靴ひもを結ぶときの勘所です。
ここが、最も強く靴ひもを締めて、足を丸める箇所です。

【やってみよう】
図表のように、踵骨の前方にある、ふたつの要石「舟状骨」と「立方骨」のあたりを、それぞれ外側から押して（加圧）してみてください。舟状骨はちょっと前側を、立方骨はちょっと後ろ側を押すのがコツです。
■親ゆびは、体の中心側へ
■小ゆびは、体の外側へ
足ゆびがピコピコと動きましたか？　両方いっぺんに押さえると、足ゆびが「パー」の形にひらく感じです。

私はこの動きを「ピコピコライン」と名付けました。

これらへの加圧によって、足ゆびは、**もともとあった位置へ戻ろうとしている**のがわかります。そして、このピコピコラインを押さえると、マッサージされているみたいに、気

「ピコピコライン」を体感しよう

★舟状骨のちょっと前を押す
（右足を内側から見た足）

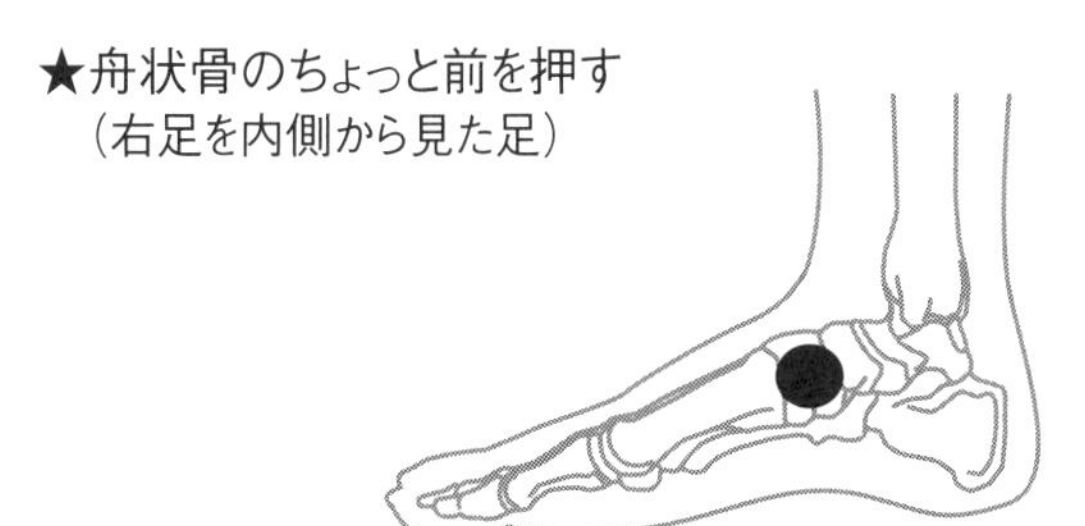

★立方骨のちょっと後ろを押す
（右足を外側から見た足）

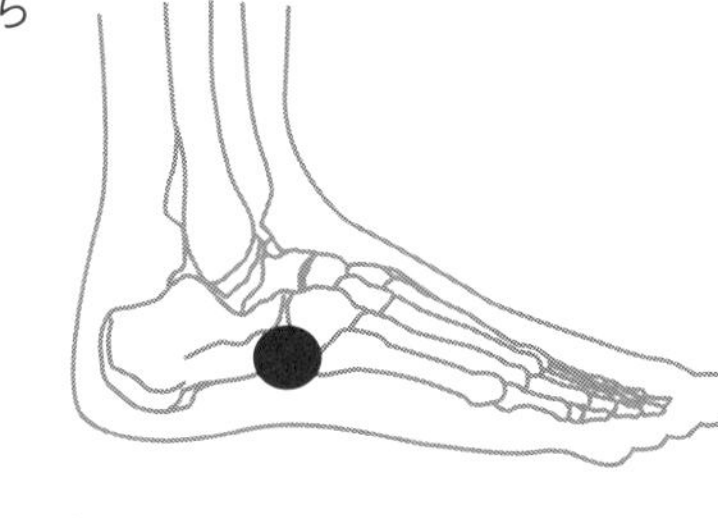

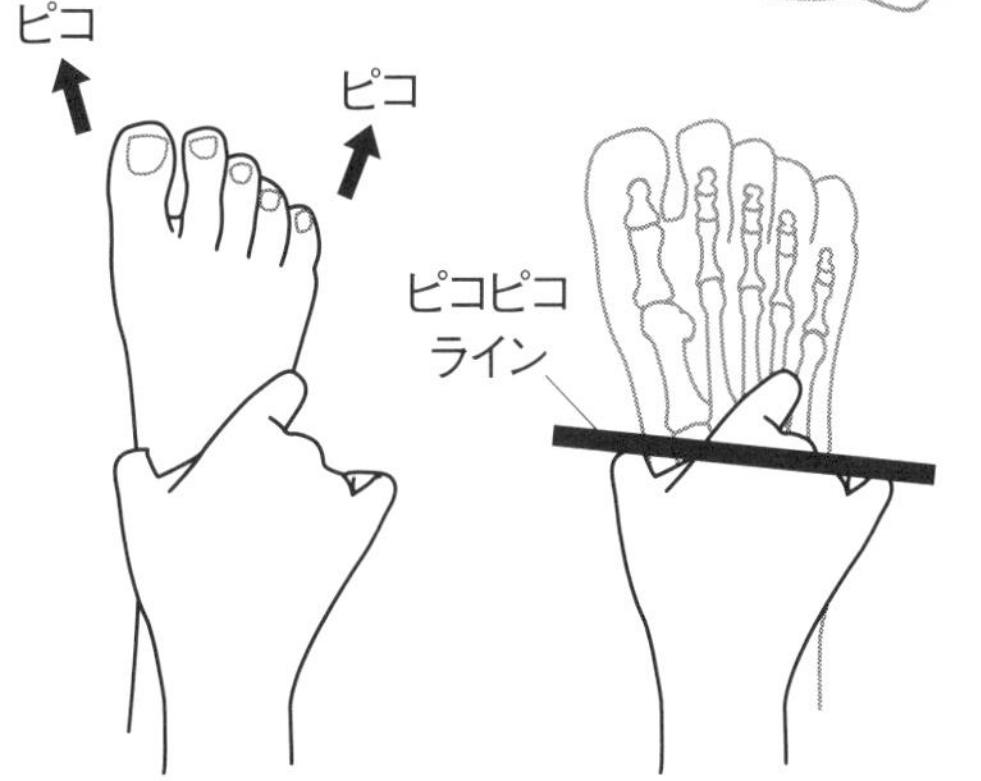

●の位置を同時に押すと、足ゆびは「パー」の形にひらく

持ちがいいですね。足裏を見てみると、**横アーチが挙上(きょじょう)している**ことがわかります。

これは土踏まずの最も高いところを丸めるようにして、締めているからです。

この気持ちいいところこそ、靴ひもの結び方の勘所。

ココで靴ひもを一番「ギュ――ッ」と締めましょう。

さぁ、ついに履き方のラスボス「カカトの不安定感」を倒すときです。

足ゆびが正しい位置へ戻ろうとする動きは、靴の中でも同じように再現されます。

やりましたね、ついにやりました！

ピコピコラインは踵骨のすぐ前にありますから、当然、カカトは安定します。

これで、「カカトの不安定感」という強敵を倒すことができました。

何せココは気持ちいいところですから、締めても痛くなりません。

だから、習慣化しやすいのです。もうユルユル靴には戻れません。

だって、いいことばかり。

アーチは上がるし、足ゆびは元の位置に戻ろうとしてくれるし、カカトは安定するし、
とにかく足がラク♪

靴ひもって、なんて便利な最強アイテムなのでしょう。

「たかが靴ひも、されど靴ひも」ですね！

◉適度な荷重が足を強くする

ヒトは全体重を足で支えるため、足の骨の設計は**「絶対に壊れない」**ことを前提としています。

28個の骨の形、大きさ、そして配列。アーチの形成にはいろいろな要素が必要です。足の構造を壊れないようにするには、骨以外の筋肉、腱（けん）、靱帯など、ほかの組織にバックアップしてもらうことです。

しかし、「私、筋力がないんです」と嘆（なげ）く女性が多く来店されます。もちろん、筋力がないのではありません。正しくは、筋力が「はたらいて」いないのです。

Q：ヒトの足構造を強くするにはどうしたらいいのか？
A：足部アーチ構造は「荷重」することによって強くなる

ファブリツィオ橋が、２０００年以上経った今も渡ることができるのは、そのアーチ橋の構造と、その上をたくさんの人が往来してきたからです。つまり、**重力を逆に利用した結果、橋は強く落ちることなく残ってきた**のです。

ヒトも同じです。この構造は、立ったり・歩いたりすること＝体重をかけること（荷重）

で、本来強固なものになっていくのです。

そのスイッチは「立つこと」。あなたは、何かと座ってばかりいませんか？

私たちの足も、荷重することで要石たちの結束力は高まるのです。

足骨格は環境適応の進化によって、その設計をアップデートしてきました。その最新骨格の機能をあますところなく使うべきなのです。

現代社会において、歩く機会はどんどん減少しています。歩かない人がとても増えています。若いころのようにストレスなく歩くには、まず正しく荷重できるように、正しく靴を履くことから。歩行量ではなく、歩行の質を高めることから始めましょう。

2 ストレスなく歩くための靴ひもの結び方

※靴の履き方の動画はコチラ

◉靴ひもは、靴を脱いだときにほどいておく

では、どのように靴ひもを結べば良いのでしょうか。しかしまずは、「急いでいるお出かけ前ではなく、**お家に帰ってきたそのときに！**」靴ひもをほどいておきましょう。

朝出かけるときには結ぶだけ。**結ばないと出かけられないシステム**にしておきます。

このように、ヒトの習慣を変えるには、「仕掛け」が必要です。

【靴ひものほどき方】

①Aのシューホールからひもを引き出し、**ひも末端のギリギリまでゆるませておきます。**

このとき、ふたつの山ができます。

②Bのシューホールからひもを引き出します。

このとき、①の山が半分になるように引き出します。結果、4つの山ができます。

③Cのシューホールからひもを引き出します。

このとき②で引き出したひもが引っ込みますので、引き出して6つの山にしてください。

④ここで、Aから出したふたつの山を靴の中にしまいます。次にDからひもを引き出し、6つの山をつくります。

このように、直近の3×2＝6つの山の高さを大体均等にしつつ先端まで繰り返します。

⑤先端まで引き出し、横から見ると大体同じような高さになっているはずです。これで均等にひもをほどくことができました。

靴ひものほどき方

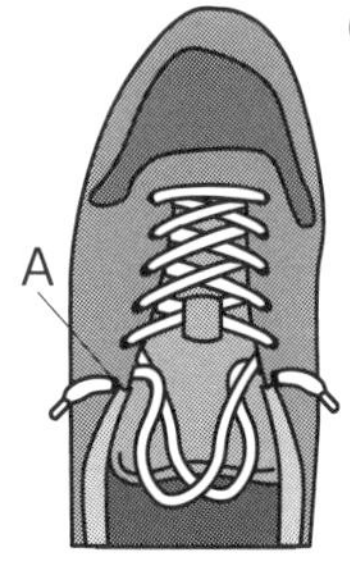

①Aのシューホールからひもを引き出し、ギリギリまでゆるめてふたつの山をつくる

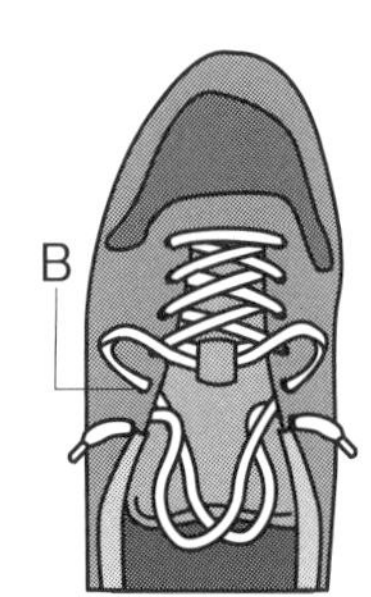

②Bのシューホールからひもを引き出し、すべて同じ高さになるように4つの山をつくる

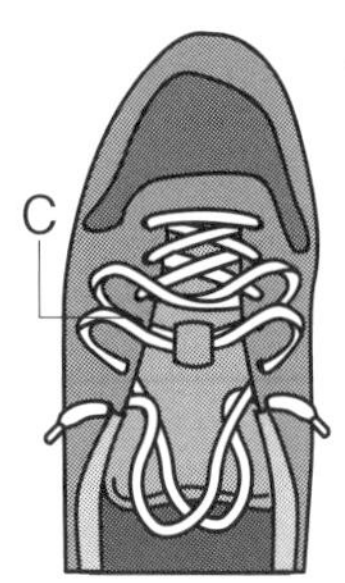

③Cからひもを引き出し、ほかの山と同じ高さにする。その後Aの山を靴にしまう

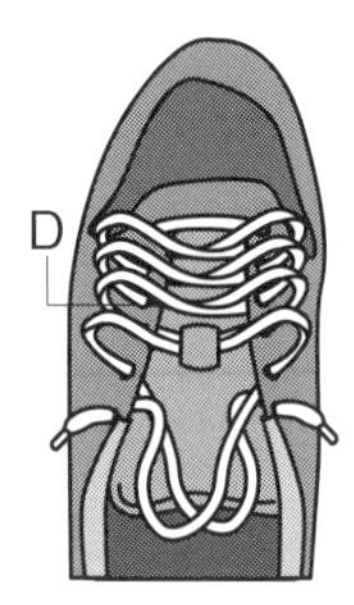

④Dのひももほかと同様に同じ高さの山になるようゆるめる

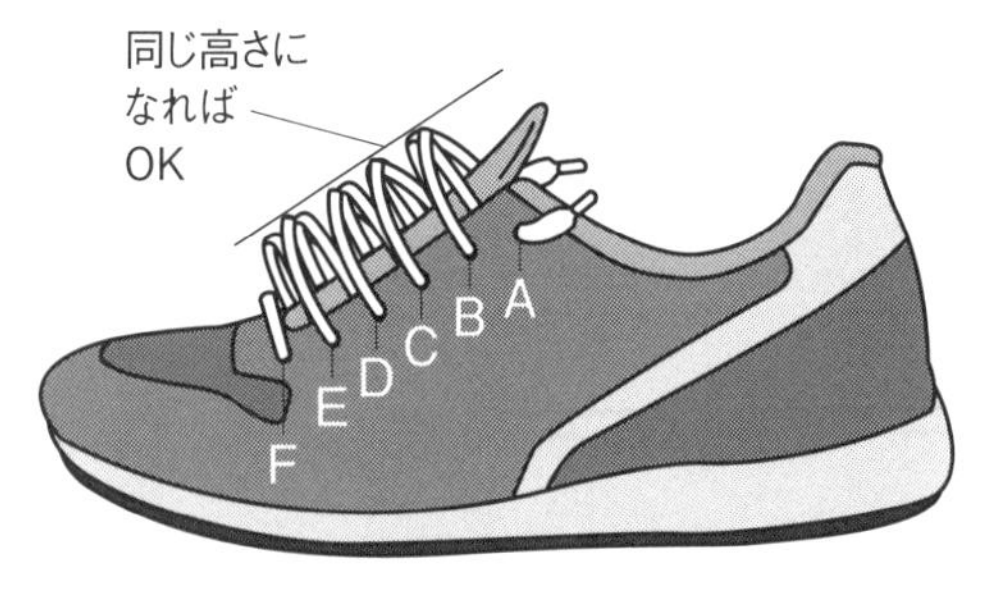

⑤横から見た図。ひもの山の高さが大体同じ高さになっていれば良い

◉これが正しい靴ひもの結び方

①カカトは踏まない

カカトを踏まないように、指を靴ベラ代わりにしながら、丁寧に足を入れます。

【理由】 カカト部分にはヒールカウンターが入っており、最もコストがかかっている。1回でも踏めば価値は半分以下になってしまう

②カカトをトントントン

つま先を上げて、カカトをやさしくトントントントン、と地面につきましょう。

靴ひもは、**カカトをついてつま先を約30度上げて、**結んでいきます。

【理由1】 つま先を上げると、単純に足寸法は小さくなるため、ひもはゆるみにくい

【理由2】 ベタっと体重をかけると、足幅は広がった状態で結ばれてしまう

【理由3】 足をカカト側に寄せて結ぶことによって、カカトが固定される

【理由4】 荷重位（足全体に体重がのっている状態）でひもを結ぶと、ひもによるアーチ挙上（じょう）効果は低下する

【理由5】 靴の捨て寸（目安：約10㎜）がわかり、適正な靴サイズか判断できる

③ベロは真ん中に置く

靴ひもを結び直さないでいると単純にゆるむので、ベロは外側へ傾く傾向にあります。シュータンとも呼ばれるベロは、履き口の中央に合わせて真ん中に置きましょう。

【理由１】ベロは外側にズレやすい

【理由２】ベロの下にアーチ密集地帯がある

【理由３】真ん中に置くことによって、外側荷重を防ぎ、アーチを束ねやすくする

④いきなりギュッとしない

好きな子と同じで、いきなり最初からギューギューしてはいけません（笑）。

最初のところは、引っ張るだけです。ひもはつま先側から結んでいきます。

ここは、靴ひもがたるまない程度に、軽く引っ張るだけにとどめましょう。

【理由１】最も靴先に近いシューホールの下には、土踏まずほどのアーチがない

【理由２】特にアーチが低下している開張足は、締め過ぎると痛くなることも多い

【理由３】ここを強く引っ張りすぎると、痛いだけではなく、履き口が締めにくくなる

⑤だんだん強く締めていく

靴ひもは、履き口に向かってだんだん強く結んでいきます。

Dのシューホールは、Eよりも少しキュッと締めてみましょう。

Cのシューホールは、Dよりもギュッと締めていくイメージです。

【理由1】弓なり形状の土踏まずは、その下の隙間の量が、前・真ん中・後ろで異なる

【理由2】足の甲の一番高いところ（足高点）にシューレースホルダーが位置している

↓一番高いところが、一番隙間があるため、シューレースホルダーに向かってだんだん強く締めていく。

⑥ピコピコラインで一番強く

ピコピコラインの目安となる場所はシューレースホルダー。

ここを強く引っ張ることが肝要（かんよう）です。

【理由1】ピコピコラインを締めることによって、足ゆびは本来の配置に戻る

【理由2】ピコピコラインは踵骨の「真ん前」にあり、カカトの固定に貢献する

【理由3】ここは（多少のことでは）いくら引っ張っても痛くならない

靴ひもの結び方

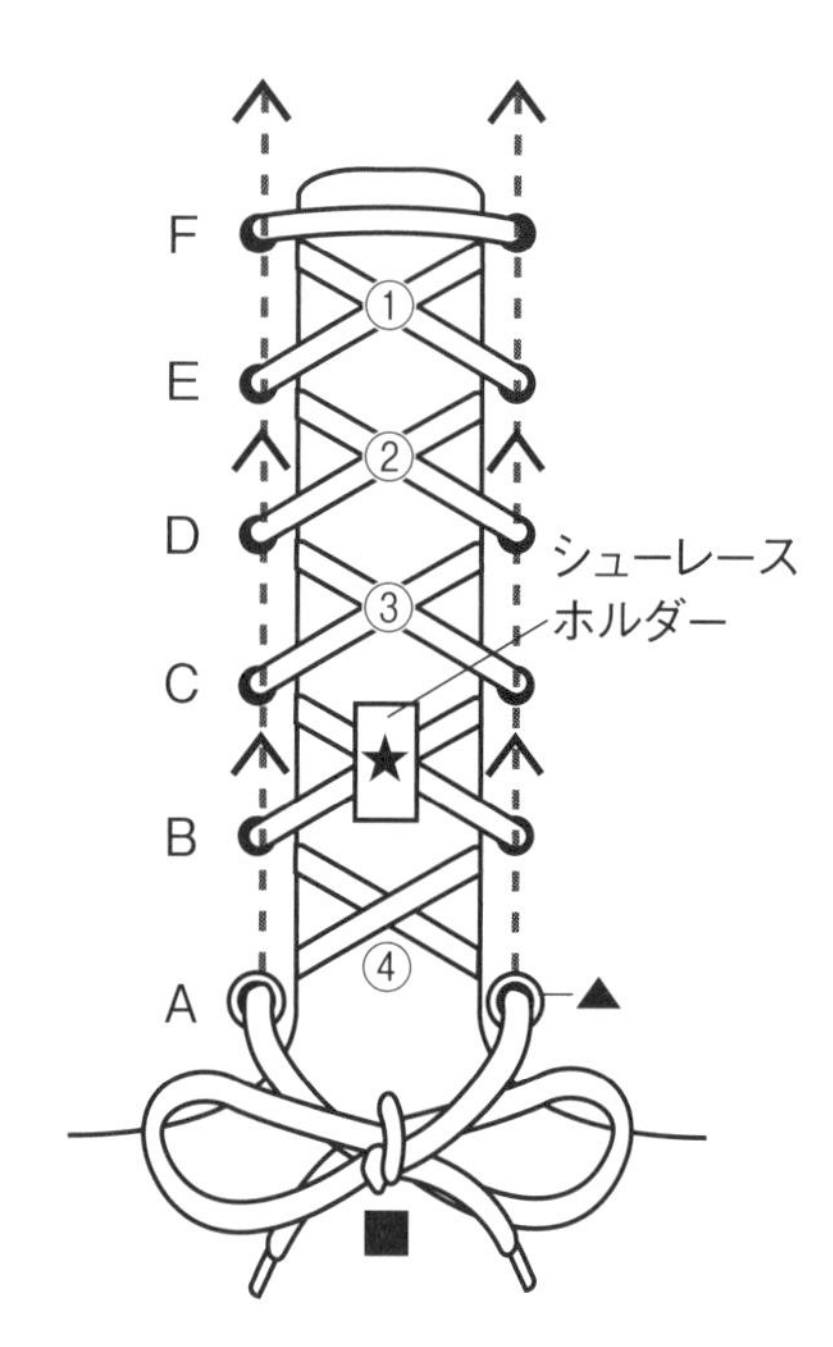

〈準備〉
※足を入れるときに靴のカカトを踏まない
※ベロは真ん中に置く

〈結び方〉
①は、靴ひもがたるまない程度に引っ張るだけ
②③はだんだん強く締めていく
★はピコピコラインのため、ギューギュー締める
④は履き口なのでギューギュー締める
▲は「履き口まわりの隙間をぶっ潰す」参照
■の靴ひもは2回くぐらせて蝶結びをし、輪っか同士をコマ結びする

※シューホールのラインがすべて平行になるように

〈靴ひもを引っ張るときは〉

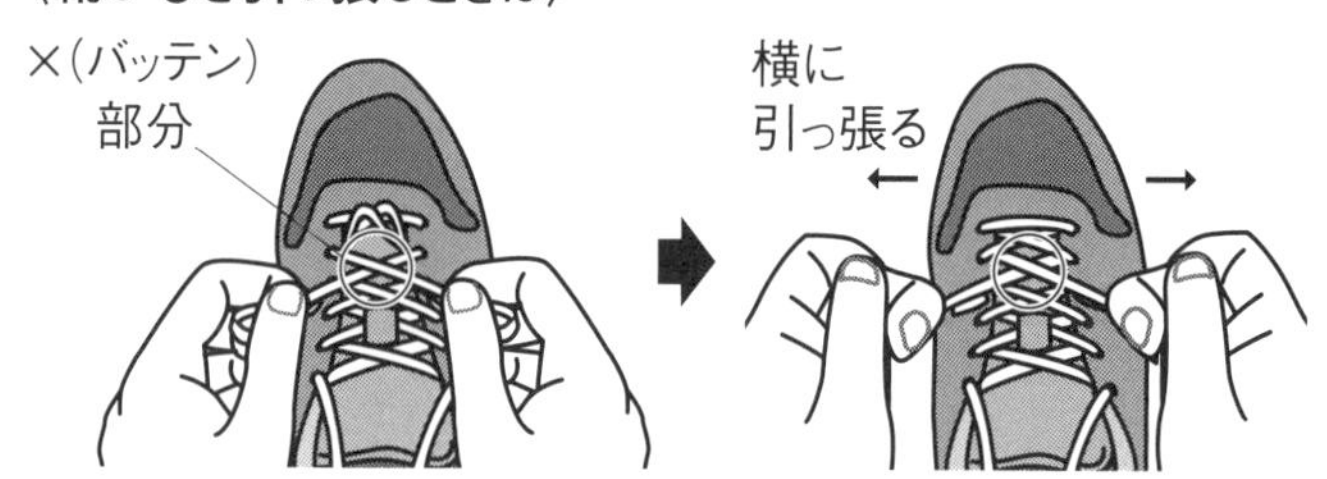

×(バッテン)部分の真ん中から横に引っ張る

⑦履き口まわりの隙間をぶっ潰す

履き口まわりは、当然広く空いていますから、その隙間をなくしましょう。隙間をなくす、というよりも「隙間をぶっ潰す」ようなイメージです（笑）。


まず、履き口の隙間を右手の親指と人さし指の2本の指でギュッと押さえます。

次に、右手で左ひもを持ち、人さし指に2～3回絡ませます。

靴ひもを指に絡ませたまま右手を、4時方向に強く引っ張ります。

今度は、右手の2本の指で履き口をギュッと押さえ、左手で右ひもを持ち、人さし指に2～3回絡ませます。

靴ひもを指に絡ませたまま左手を、8時方向に強く引っ張ります。

【理由1】履き口の隙間をぶっ潰すのは、隙間なく仕上げる理想の目安をつけるため
【理由2】「ここまで締められたらいいな」という指標の役目
↓靴ひもは必ず反対の手で持って引っ張ること。右手で右ひもを引っ張るときと、左手で右ひもを引っ張るときとでは、力の伝わり方が違う。4時方向に強く引っ張ったとしても、手を離せばゆるむので心配ないが、心地よさには個人

履き口まわりの隙間をぶっ潰す

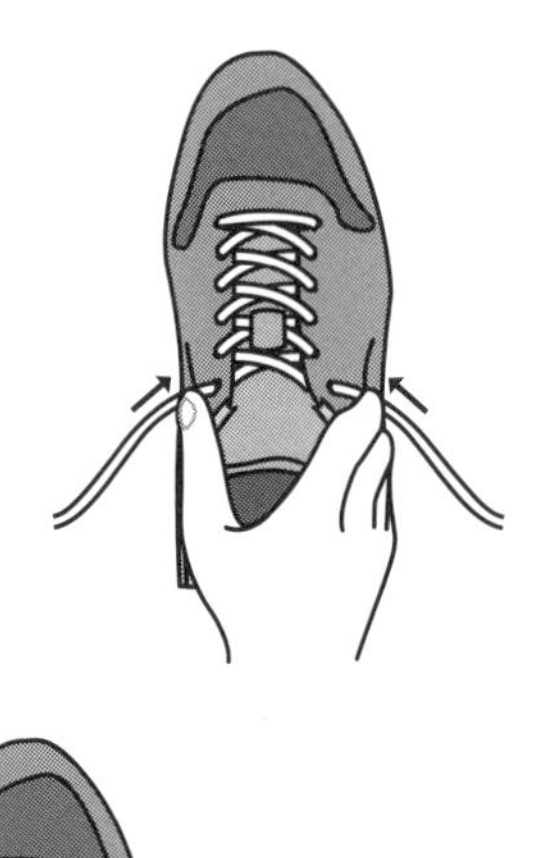

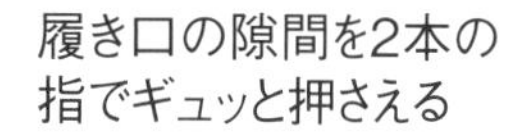

履き口の隙間を2本の指でギュッと押さえる

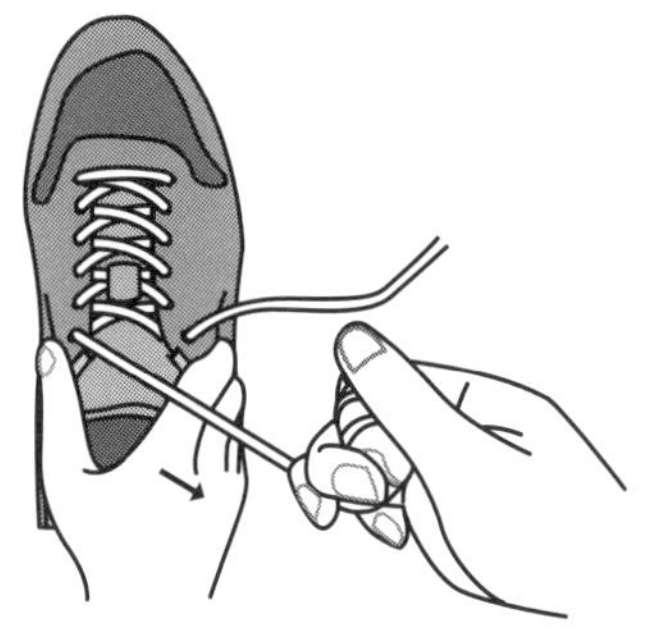

右手で左ひもを持ち、人さし指に2〜3回絡ませる。靴ひもを指に絡ませたまま右手を、4時方向に強く引っ張る

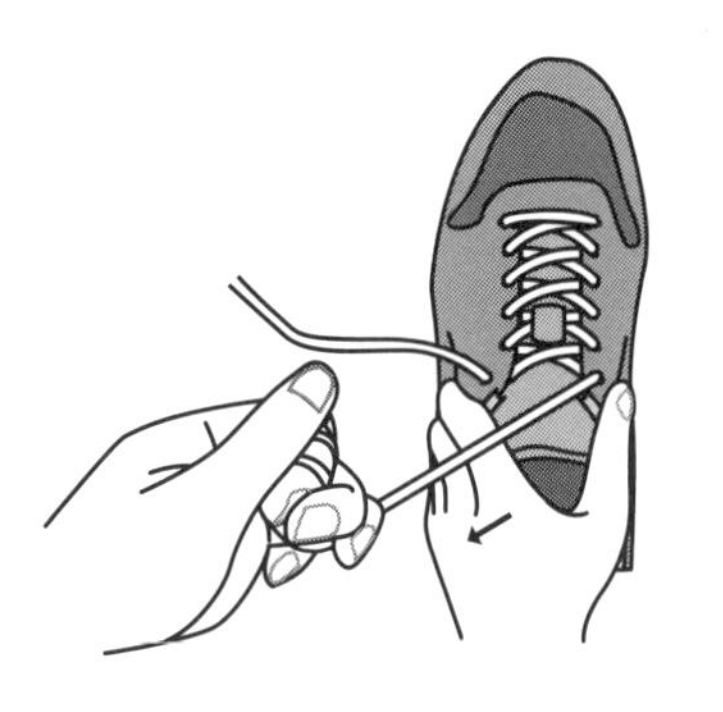

左手で右ひもを持ち、人さし指に2〜3回絡ませる。靴ひもを指に絡ませたまま左手を、8時方向に強く引っ張る

差があるので加減が必要。

⑧蝶々結びにふたつの工夫

蝶々結びは、最初2回くぐらせてギュッと結びます。

ひもの末端よりも、蝶々結びの「ふたつの輪っか」のほうを長めにしましょう。

輪っか同士を軽くコマ結びをして、完成です。

【理由1】最初に2回ひもをくぐらせると、摩擦力も増して結び目はゆるみにくくなる

【理由2】点ではなく、線で固定するので、ギュッと結んでも当たりはソフト

↓ひもを2回くぐらせているので、蝶々結びだけだと逆にほどけやすくなる。

輪っか同士をコマ結びすることによって、ほどける心配はなくなる。

◉靴の使い方で体の使い方が変わる

正しい靴ひもの結び方、いかがでしたか?

この章の結論もやはり「カカトの安定」となりました。ひも靴のポテンシャルには本当に驚かされます。

靴が合わないことがストレスで、出かけるのが億劫(おっくう)にならないようにしてあげたい。

「足が気持ちいい」

「靴が足に吸い付いている感じ」

「今日も空がキレイだ」

「何かいいことありそう」

そんなふうに出かけてほしいのです。

そのきっかけが、ひも靴であり、履き方であり、**靴の使い方次第**なのです。

以前、弊社商品「足と靴の悩みを改善するシンデレラシューズシリーズ」が静岡市の認定「静岡市女性活躍ブランド認定事業しずおか女子きらっ☆ブランド」をいただいたとき、11社の代表として、スピーチさせていただいたことがあります。

以下はそのとき、受賞者全員の開発側の思いをお話ししたスピーチの一部です。


私たちが開発した商品はもちろん大切です。

我が子のように愛おしいものです。

しかし、もっと大切なことがあります。

それは、商品の使い方です。

どの商品も、誰かの「不便・不満・不都合」などを解決するために誕生しました。
私たちの願いは、正しく使ってくださることで、
商品本来のチカラが発揮され、その「不」を解決することです。

私の仕事では、
長年の、靴の選び方・履き方・立ち方から作り出される、
「歩きにくさ」という不具合を解決します。
しかし、靴というモノの提供だけでは、その「不」を解決できません。
実は、靴の履き方、立ち方、歩き方という、靴や体の使い方こそが、
無駄な歩行の動きを軽減し、痛みの誘発を防ぎます。

私は「痛くない靴」を作りたいのではなく、
「靴の使い方によって、体の使い方を変える」という健康意識の改善を目指し、
結果的に、足と靴のお悩みに貢献したいのです。

どんなものにも作り手の思いがあります。

その思いにこたえる最良の方法は「正しく使う」ということです。
ですから、必ず用法・容量を守って正しく使いましょう。

4章では「靴の使い方」についてお話ししました。次の章からは、いよいよ「体の使い方」について解説していきます。

5章

「マイナス5歳」に見える立ち方とは

1 女性が、男性より「立つ機能」が弱いワケ

◉男女の体つきには、かなりの違いがある

男女の体を比べると、次のような違いが挙げられます。

- 妊娠、出産、月経の有無
- 筋肉量
- 脂肪率
- 骨盤
- 生殖器

筋肉量を例に挙げると、女性の上半身の筋肉量は男性の約50%、下半身は約70%といわれています。一方、体重に占める脂肪の割合は女性のほうが多く、皮下脂肪がつきやすいとされています。

男性に比べて、女性は広く浅い骨盤構造をしています。これは、赤ちゃんをスルッと（と

はいきませんが）産みやすくするためです。

さらに、月経が始まると「子どもをつくる」備えをするため女性ホルモンによって、骨と骨をガシッとつないでいる靭帯がゆるみやすくなります。したがって、生理のときは骨盤が開いてきますので腰が痛くなったり、むくみやすかったりするのは、そのためです。靭帯たちがゆるむと、まわりの筋肉にも影響し、姿勢を支える筋活動は弱くなります。姿勢や歩行を考える上で、**骨盤の形と、女性ホルモンによる靭帯のゆるみ**は、重要なポイントです。

このような性差は生物学上の違いですが、身体機能にも大きく影響します。同時に、女性特有の疾患にも関係してくるのです。

◉女性は、男性より膝・腰・背骨の疾患が多い

以下は体の部位別・男女別の手術数の中で女性のほうが手術の多い体の部位とその女性率です（※4）。

- 胸椎（背骨の一部）……51・8％
- 膝関節……58・2％

・股関節……74・0%

中でも股関節は突出した数字となっていますね。

また、男性に比べて女性が骨折する割合は、大腿骨がなんと約3・6倍、腰椎が約2倍、橈骨（腕の骨）が約1・3倍高いのです。これは女性のほうが、**転倒したときに、女性は手をつけなかったり、踏んばれなかったりして体ごと倒れてしまい、重症化（大ケガ）する傾向にある**ことを示しています。

世代別の整形外科の受診率は、50歳までは男性のほうが多いのですが、50歳を過ぎると逆転して女性のほうが多くなるというのです。

さらに高齢化率（各手術数に対する65歳以上の割合）を見ると、男性は30・6%、女性は57・7%と圧倒的に女性のほうが高くなります。

これらは、妊娠・出産・閉経を経て、女性ホルモンの急激な低下による「骨量の低下」が原因のひとつとして挙げられます。ちなみに、女性の骨粗しょう症の有病率は男性の約3・2倍と、その差は歴然です。

更年期障害の進行など、**中年期以降の女性の活動量は制限される要素が多く、女性の脚力は放っておくと低下する一方**です。このように、下肢（股関節から下）の疾患が男性より

男女の骨盤の違い

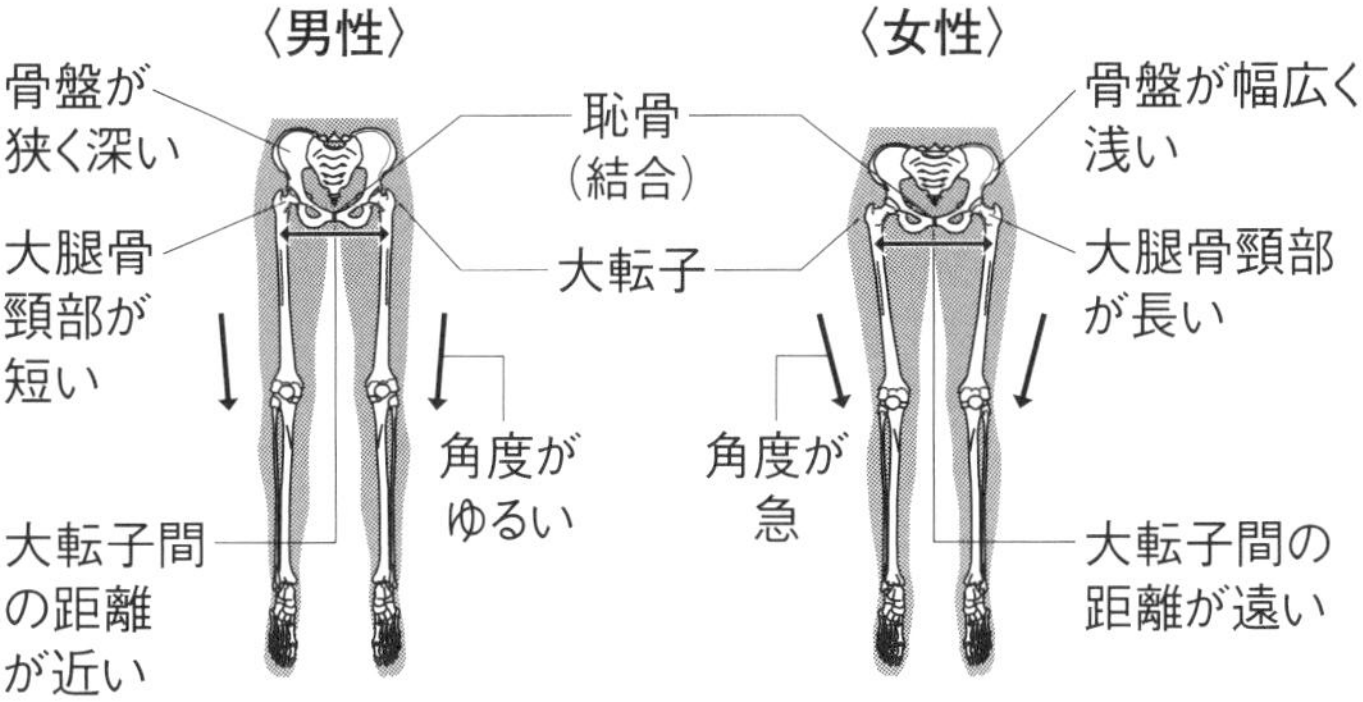

〈男性〉
骨盤が狭く深い
恥骨（結合）
大腿骨頸部が短い
大転子
角度がゆるい
大転子間の距離が近い

〈女性〉
骨盤が幅広く浅い
大腿骨頸部が長い
角度が急
大転子間の距離が遠い

も女性に多いのは、男性よりも不安定な、骨盤の構造だからと考えられます。

◉女性の「広い骨盤」が下半身に負担をかけていた！

膝痛や股関節痛など、女性特有の疾患を持つ人の歩行は**「足が上がりにくい」**という共通点があります。足を上げるには、もう片方の足で支えなければなりません。よって、歩くという高等技術の前に、片足で立つ能力が問われます。しかし、姿勢が悪いために足が上がりにくくなっています。これは立ち続ける能力に、男女間でちょっとした差があるからです。

それが骨盤です。前述したように、女性の骨盤は男性よりも「広い」つくりになっています。横に広いため、左右の大転子（太ももの付け根の一番出っ張っているところ）の距離が遠くなります。この大転子が男性よりも「ちょっと外側」に飛び出しているために、女性は大転子から膝までの角度が増します。これは、大腿骨頸部（骨盤と大腿骨をつなぐ橋みたいなところ）が、男性よりも少し長いためです。

この内側に入り込む角度は「出産」を前提にしている女性の身体構造上、変えることができません。しかし、これ以上に骨盤が広がってしまうと、さらにその角度は増します。

ですから、立ち方や歩き方が悪いまま、大して運動習慣がない人が50歳を過ぎると、

- 変形性膝関節症
- 変形性股関節症
- 腰部脊柱管狭窄症
- 腰椎変性すべり症
- 坐骨神経痛

など、**足を持ち上げる系関節**のリスクが高まるわけです。

その「**足上げ対策本部**」**が股関節**です。

上半身の重量は、左右の股関節にのっています。股関節はその重さを請け負いながら、足を上げる仕事も担当するという、かなり重労働な部署です。女性というだけで骨盤に負

担がかかるのは、「ちょっと不公平だなあ」と感じますが、左右均等に股関節にのせるためには、体の真ん中の軸の使い方が重要になってきます。

◉良い姿勢は長くは続かない？

ヒトの運動効率は、**「真ん中をどれだけ使えるか？」**で決まります。

例えば、2Lのペットボトルを両手に1本ずつ持って腕を横に広げると、重く感じます。たくさんの力が必要となり、長く継続することは困難です。しかし、2Lのペットボトル2本を、おへその辺りで持つと、同じ4Lなのにとても持ちやすいですね。

このように「体の真ん中を使う」と、より少ないエネルギーで長く効率的に「姿勢」を維持しやすくなります。しかし、

「良い姿勢は長く続けられない」

と諦めてしまう人が多くいます。これは良い姿勢（まっすぐ）ではなく、無理な姿勢だからです。続けられないということは、どこかが間違っているはずです。

姿勢を整えるとき、体の「正面からのまっすぐ」は入念（にゅうねん）にチェックしますね。しかし体の側面や後面から見た「まっすぐ」を整えることは少ないのではないでしょうか。

続けられない本当の原因は、**「側面からのまっすぐ」が間違っている**からです。その主犯（しゅはん）

正しい姿勢

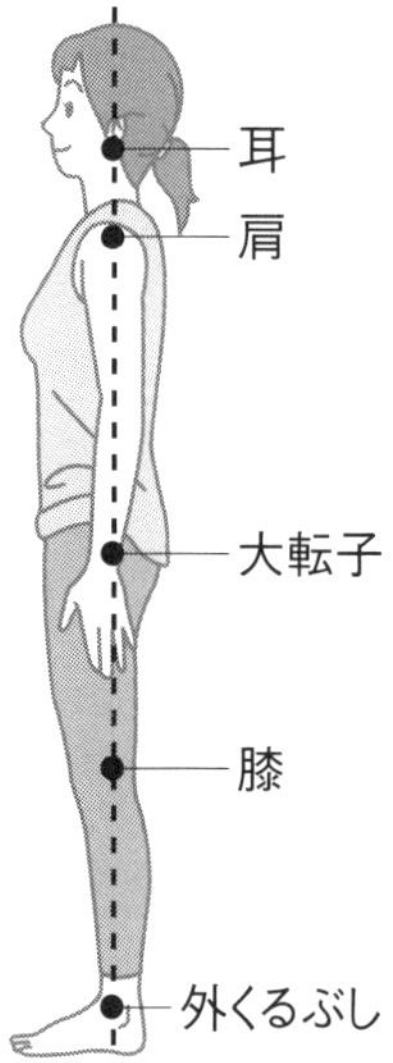

耳
肩
大転子
膝
外くるぶし

耳から外くるぶしまで体の軸ができている

格は「骨盤の前傾と後傾である」と、多くの専門家が指摘しています。皆さんの中には「骨盤の前後傾が良くないことはうすうす知っているが、解決にはいたっていない」という人も多いでしょう。10年前の私も同じでした。その経験を踏まえて、本章は、姿勢のコツをちょっと違った視点から解説していきます。

2 「立つ」ときに気をつけたい脱力する上半身

◉だから、お腹が出てしまう

頭部の「耳」から足部の「外くるぶし」までをつないだ、1本の軸。それが、側面のまっすぐの目安です。「正しい姿勢が長続きしない人」は、痩せていても太っていてもお腹がポッコリ出る傾向にあります。それは、体の真ん中部分である、背骨から骨盤にかけてのお腹まわりに、**背骨以外の骨が何もない**ことが理由に挙げられます。

支えが少ないのに、唯一の支え「背骨」を活用できないと、カンタンに姿勢は崩れて余計なお肉がつきます。

背中を反らして姿勢よく頑張ろうとすると骨盤は前傾し、反対に重力に負けて上半身に軸が入らないと、後傾しやすい。**実はこのとき、どちらのお腹にも力は入っていません。**だから、お腹は出てしまうのです。骨盤がフラットポジションに入ったときにだけ、腹筋ははたらきます。

骨盤の前傾・後傾が、ポッコリお腹をつくっているのです。

◉姿勢を支えるのは背骨だけじゃない

第4章「靴を履く」でのラスボスは「カカトの不安定さ」でしたが、これを「靴ひも」という必殺アイテムをもって攻略しました。本章「立ち方」のラスボスは**「くねくね曲がる背骨」**です。これを**「深呼吸」**で倒したいと思います。

背骨だけで何とかしよう、とするから失敗します。ここでは全員野球。4人の助っ人を召喚（動員）します。

一番：センター………「目線」＝遠くから守る、正面を見る

二番：キャッチャー…「呼吸」＝すべての司令塔
三番：ショート………「肘」＝鉄壁の守りで、背骨を守りきる
四番：ピッチャー……「恥骨」＝エースで四番は、やはり骨盤！

こんなイメージです（野球に詳しくない方、ごめんなさい）。

私も昔、姿勢教室なるものに2〜3回行きました。

しかし、あまりの劣等生。どこに行ってもちゃんと理解できません。例えば「骨盤を立ててください」とか「頭から吊られている感じで」とか言われても、その意味が身をもって理解できませんでした。

そんな私がたどり着いた方法が、この4人を含めた全員野球。中でも「呼吸」の役割はとても大きいです。


◉脱力する上半身が、カカトに負担をかけている

なぜ立ち方にこだわるのかというと、立ち方が悪いとカカトがいじめられるからです。

もはや、この「カカト星人」ぶりには自分でも呆れます（笑）。

背骨は自由自在に曲がらないと困りますが、あまりに「くねくね時間」が長いと体の負

担になります。姿勢が悪くなる原因、それはズバリ**「脱力する上半身」**です。

例えば、赤ちゃんをおんぶするとき、赤ちゃんが起きているか寝ているかで、その重みはまったく違いますよね。

それと同じで、上半身が脱力して軸が入っていないと、**「足上げ対策本部」の股関節**に、上半身の重みがそのままかかります。この上半身の重みを股関節で吸収しきれないので、足が上げにくくなります。実に簡単な話です。

このズッシリとした重みで、重心が本来の位置よりも、低くなってしまいます。これが大問題。特に足部（足首から下）は、体重の最終請負器官ですから、結局その負担がカカトに集まり、いじめられてしまい、（例えば）外反母趾は良くなるきっかけが掴めません。

ヒトの体の重心（身体重心）は、だいたい「おへそ」のちょっと下くらいにあります。厳密には、女性は床から身長の約55％、男性は56％くらいの高さの位置です。

しかし、姿勢が悪い人はもっと低い位置にあります。これは背骨が丸まっていたり、逆に反っていたりして、単純に**本来の身長よりも低くなるため**です。

ヒトの運動効率は、「真ん中がどれだけ使えるか」にかかっていましたね。その真ん中が適正な位置にあれば、だいたいうまくいきます。そのためには、まず「呼吸」によって上半身を引き上げることが重要なのです。

さらに、伸びた背骨を肘で固定し、骨盤がフラットポジションに入れば、足への荷重量は減り、姿勢とカカトの問題は同時に解決します。

◉見ため年齢と関節年齢は、ほとんど同じ

- 年齢が若く見える
- 手足が長く見える
- 毎日が楽しそうに見える

女性にとって、美と健康は永遠のテーマです。右の3つは、元気に歩けないと叶(かな)いません。そして元気な歩行は、安定した靴環境がないと達成できません。

来店されるお客様の中には、年齢不詳(ふしょう)の若見え70代の方もいらっしゃれば、40代で60代の歩行能力しかない方もいます。この「パッと見た感じ」は、その人の関節年齢とほぼ比例します。

つまり、身体機能は、ある程度「見た目年齢」で決まるともいえます。

そこで、実験です。

やってみよう

①いつも通りに立つ

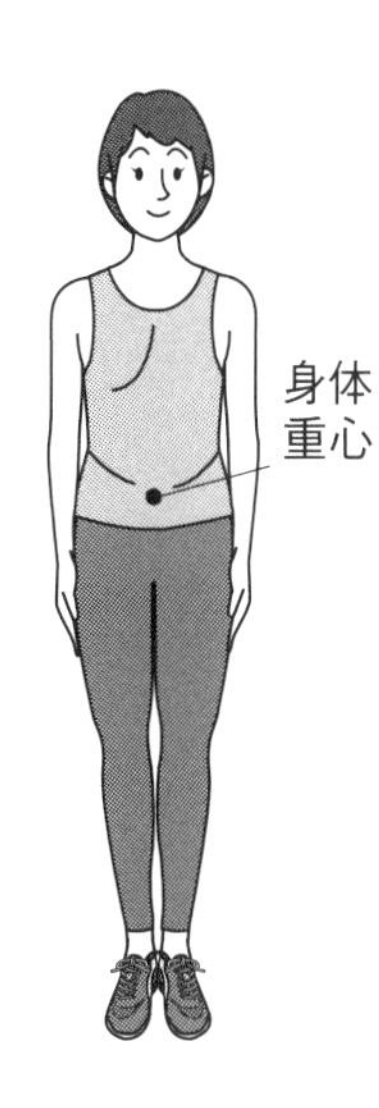

●身体重心
55%
●骨盤
いつも通り
●カカトへの荷重
体重分感じる
●見た目の印象
年相応

②足を肩幅より大きく開けて立つ

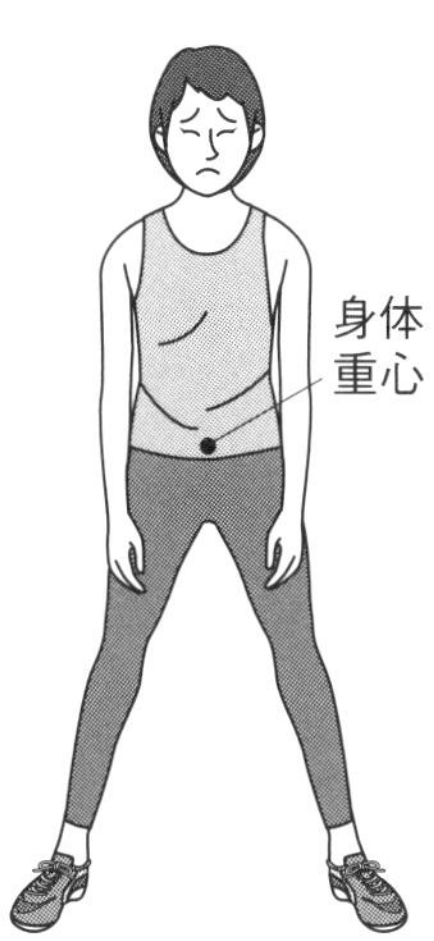

●身体重心
55%以下
●骨盤
広がる
●カカトへの荷重
体重以上に感じる
●見た目の印象
老けて見える

③両腕を頭の上にあげ手を軽く組んで立つ

身体
重心

つま先
立ち

●身体重心
55%以上
●骨盤
締まる
●カカトへの荷重
体重以下に感じる
●見た目の印象
若く見える

【やってみよう】
①足と足をくっつけて、いつも通りに1分、立ってみてください。
②足と足を肩幅より少し広めに開けて1分、立ってみてください。
③足と足とをつけて両腕を上にあげます。指を軽く組んで1分、立ってみてください。

各姿勢での身体重心と骨盤、カカトの様子と見た目の印象は前ページの通りです。


つまり、見た目年齢を左右したのは、実は**脱力した上半身による身体重心だった**のです。

女性は重心がただでさえ低いのに、テキトーに立つと、上半身の重みで骨盤はどんどん広がります。そして大転子から膝への傾斜角は大きくなり、足は上げにくいポジションに入れられてしまいます。

さらに②で骨盤が前傾しても、後傾しても、どちらの場合も、悪い姿勢には変わりなく、**足部の重心はカカトに移動**します。これは、上半身が脱力し始め、背中がくねくねと曲がることで、股関節で請け負うはずだった上半身の重さを、カカトが負担する羽目（はめ）になってしまったからです。

脱力した上半身、これがカカトをいじめています。足と靴のトラブルを抱える足、膝・腰・肩など運動器に問題のある足たちは、姿勢によって、こんなにも簡単につくられてしまうのですね。このように、「パッと見の印象」が悪くなると、結局、靴問題は解決しないということなのです。美意識は意外と重要なのです。

◉体重はカカトではなく、土踏まずの上にのせる

立ったときのカカトからの重心は、１９６０年の調査ではカカトから47％のところにあったのに、１９８０年は40％、１９９０年では39％のところへと移り、重心が年々後ろに下がっているという研究があります（※５、６）。これは重心がカカト側に移動しているということであり、**「現代人の姿勢は、以前よりもかなり悪くなっている」**ことを示唆しています。

体重はカカトではなく、**土踏まずの上にのせるようなイメージ**で立つのが本来です。先ほど「見た目年齢」の実験を行なったのは、**重力に逆らうように立つ**と、カカトはいじめられなくなります、ということを体感してほしかったためです。

地球という重力がはたらく環境下で、立つときの姿勢維持に役立つ筋肉には、抗重力筋（重力に対し姿勢を保持するためにはたらく筋肉のこと）やインナーマッスル（体内の深いところに位置する筋肉）などが挙げられます。抗重力筋群は主に、体の表と裏に配置されて、前後から姿勢を支えています。さらに、体幹のインナーマッスルは、あの「背骨以外に支える骨がないお腹周り」を支えるように四角い箱のような形で姿勢を支えています。

抗重力筋はたくさんの筋肉で構成されています。しかし、これらが機能するには、最初にお話しした4人の助っ人（目線・呼吸・肘・恥骨）が適切に扱われていないと、グータラ筋肉となってしまいます。

その筋肉を叩き起こす「最初のスイッチ」が呼吸です。この最初のスイッチだけで、体重は土踏まずの上にのるようにできているのです。

◉横隔膜が体幹をバックアップする

良い姿勢が苦手な人は、言ってしまえば、

「あんまり努力しないで、ファイト一発的に効くやつ」が欲しいわけです。

そんな即効性筋肉が、**横隔膜**です。

「え、ちょっと待って……。横隔膜って筋肉なの？」

と思うかもしれませんが、立派な筋肉です。正確には筋肉でできた膜です。主な仕事は、ガス交換のお手伝いです。肺は酸素を取り入れて炭酸ガスを出します。このときに、老廃物（いらないもの）が除去されますから、呼吸が浅いと美容にも悪いのです！

横隔膜は肋骨の中におさめられている肺の真下「みぞおち」の辺りにあり、「お椀を伏せたような形」をしています。息を吸うとお椀が凹み、息を吐くと、お椀の形にもどるような動きで押し上げられます。

実は、この動きがあなたの体幹をバックアップしています！

なぜなら、深呼吸をすると「上半身が脱力しない」からです。

さらに、この横隔膜にスイッチが入ると、自動的にインナーマッスルも活動し、姿勢を維持し始めるのです。

◉ひとつのユニットで動く「インナーマッスル」

その体幹バックアップ筋として、よくインナーマッスルが挙げられます。次の4つの筋肉で構成され、仕事は体幹の維持です。

- 横隔膜
- 腹横筋（ふくおうきん）
- 骨盤底筋群（こつばんていきん）
- 多裂筋（たれつきん）

インナーマッスルはひとつのユニットではたらくので「インナーユニット」とも呼ばれ

ています。

ユニットとは本来、単位とか単元の意味ですが、ここでは音楽バンドなどの複数人のグループによって機能するという意味合いを持ちます。ですから、インナーマッスルとはバンド名みたいなものですね。

インナーマッスルの形は、インテリアボックスみたいな箱形です。上面が横隔膜、前面は腹横筋、下面が骨盤底筋群、後面は多裂筋というイメージです。

インナーマッスルは箱のイメージ

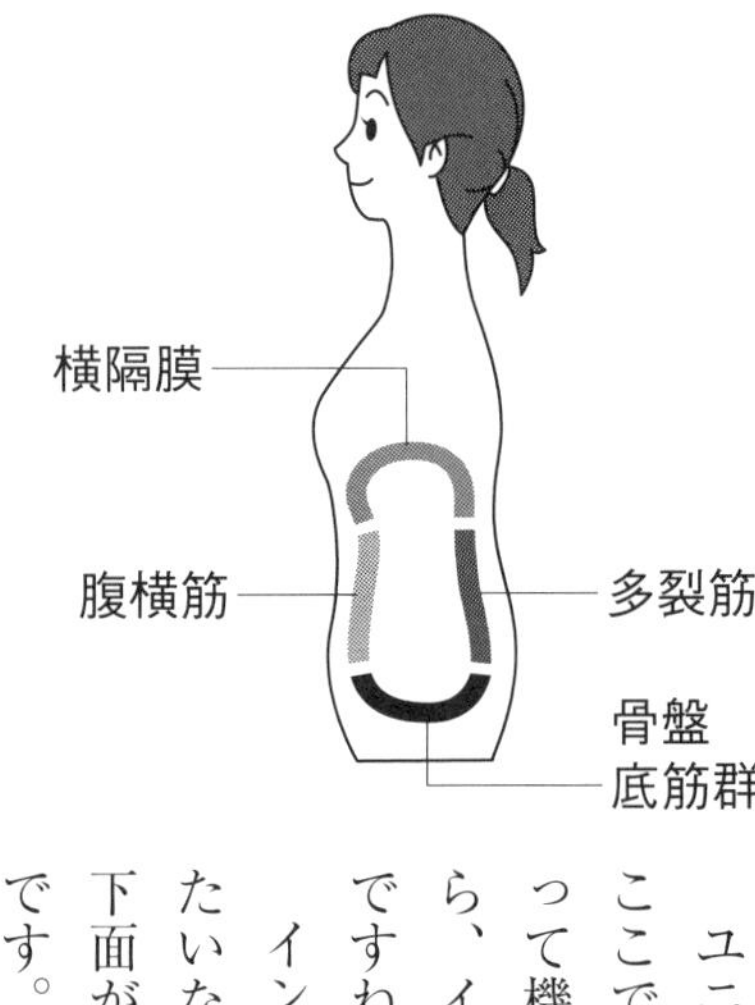

インナーマッスルの動きは、以下の通りです。

①息を吸うと肺が大きくなって、横隔膜は凹む
②このときにお腹は縦方向に引っ張られ、腹横筋もはたらく
③腹横筋は恥骨（ちこつ）までつながっているので、骨盤底筋群も収縮（しゅうしゅく）する
④重力に逆らう方向（上方向）に背筋が伸びるとき、多裂筋が活動する

インナーマッスルをはたらかせる胸式呼吸

〈息を吸うとき〉

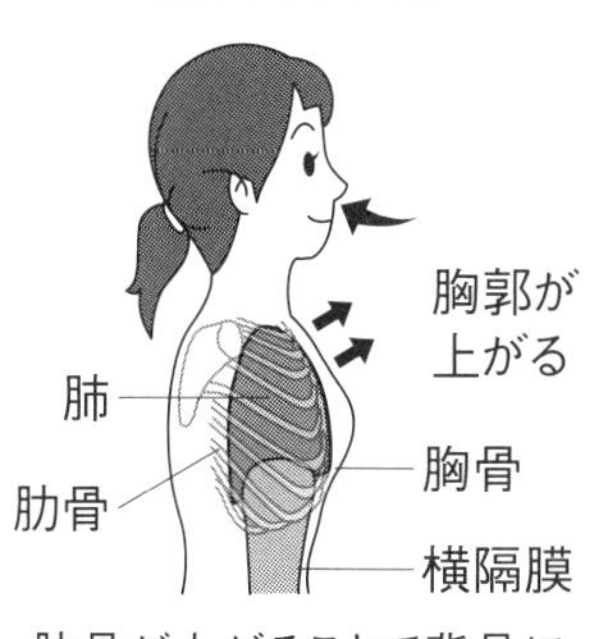

肋骨が上がることで背骨に自然なS字カーブが生まれ、胸部が膨らむことで、上半身に軸が入り、くびれを感じる

〈息を吐くとき〉

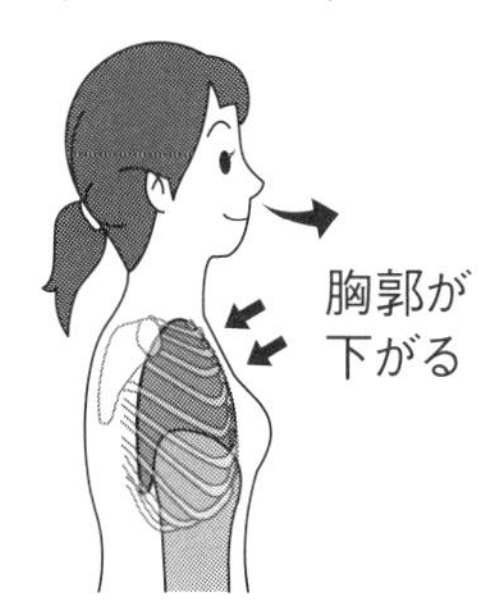

肩が下がることで、筋肉も弛緩。胸部は縮むが、腹筋はゆるめず、肺全体を意識して息を吐き出す

インナーマッスルをはたらかせる第一スイッチが「呼吸」です。

このスイッチが入らないと、バリっとした四角い箱ではなく、湿(しめ)った段ボール箱みたいに**「ふにゃふにゃした形」になります。**ふにゃふにゃだから、ほかの3つの機能が半減してしまいます。だから、姿勢が悪くなるのは当然ですね。

このときの呼吸は胸式(きょうしき)呼吸が自然です。腹(ふく)式(しき)呼吸は主に寝ているときの呼吸ですので、上半身が脱力しやすいです。

このとき、カカトはどうなりました？　はい、呼吸と一緒にわずかに引き上がりました。

この「わずか」によって、カカトに体重が思いっきりのらなくなりました。カカトいじめはなくなり、一件落着！

このように、**姿勢のコントロールをするには、呼吸のコントロールが最も簡単で最も効果的**です。

医学博士の雨宮隆太（あめみやりゅうた）氏は「体幹を自由に動かす方法は、呼吸運動から覚えるのが最も近道」と、その著書の中で呼吸法の大切さを説いています（※7）。また、足を動かそうと思ったとき、足の動きの前に（横隔膜とつながっている）腹横筋が最も早く反応するそうです。このように四肢（しし）の連動である歩行において、「息を合わせて」運動させる。このことが、歩行の完成に欠かせないピースなのです。

◉スフィンクスの謎とヒトの歩行

ちょっとひと息いれましょう。ギリシア神話の「オイディプス王の悲劇」の中の「スフィンクスの謎」で出てくるなぞなぞを、一緒に考えてください。

テーバイ地方（現在のエジプトのテーベ）のある洞窟（どうくつ）に、通り過ぎる旅人すべてに謎かけをする「スフィンクス」という怪物がいました。怪物が、

「朝に4本、昼に2本、夜に3本の足を持ち、そのうえ声を出すものは何だ？」

と旅人に謎かけをします。これに答えられなかった旅人は、すべて食い殺されてしまうというもので、唯一答えた英雄「オイディプス」はこう言ったそうです。

「それは人間だ。なぜなら、人間は幼児のときは4本足で這い、成人になると2本足で歩き、老人になると杖を使うからだ」

この功績によって、オイディプスはテーバイの王となり、スフィンクスは、面目を失ったスフィンクスは、自ら谷底へ身を投げて死んでしまったのです。


朝・昼・夜を人生の時間軸としてたとえ、人の一生の歩行の様子を的確に捉えています。人は20代をピークにして、そこから筋力・脚力は徐々に落ちていきます。その脚力を補う術を、いくつかお話ししましたが、女性の姿勢の悪さを「骨盤の構造」だけのせいにはできません。

実際のところ、足裏と床面はどう折り合っているのか。

どうしたら、安全に年を重ねていけるのか。

靴選び本なのに、なぜこんなにイロイロうるさいのか（笑）。

もちろんカカトを守るためです。もう少しお付き合いください。

◉ラジオ体操の体を回す運動で足を開くわけ

ヒトは立つだけでなく、歩いたり、走ったりと2本の足で移動するとき、安全を保つために、瞬時（しゅんじ）に「対応する面積」を変えて床面と折り合っています。この床に接する面積は、先の「スフィンクスの謎」の朝・昼・夜で違いましたね。

- 四（よ）つん這（ば）いだと、その面積は一番大きくなります
- 2本足で立つと、その面積は一番小さくなります
- 杖をついて立つと、その面積は2本足のときよりも大きくなります

この面積は大きくなるほど安定性が増しますが、重心は低くなるので、足は上げにくくなる、という弱点があります。そして、面積の中心から体の重心が遠ざかるほど、不安定になります。

その不安定を起こさない「安全地帯」があります。つまり、ある位置を越えると、危険を察知してどちらかの足が出る、その境界線です。これを**「安定性限界」**と呼んでいます。この中で立ったり、歩いたりすると、とても安全で、長く活動でき、体も疲れにくいというメリットがあります。

例えば、「ラジオ体操第一」で「**体を回す運動**」があります。足を開き、両腕で円を描くように大きく回す、あの運動です。

この運動を、**足を開かないで行なった場合、描く円は小さく**なります。これは安定性限界の輪の中で運動を行なった結果です。ブンブン円を描こうとすると、遠心力が強くなるため、足を左右に開いて、対応する面積を大きくする必要が出てきます。

安定性限界を手や頭が越えたくらいでは、転ぶことはありません。では、どこが越えたときにヨロッとするのか?

そう、身体重心です。身体重心がこの輪を越えたとき、とっさにどちらかの足が出ないとバランスが崩れます。このように、姿勢の安全な維持には、体幹の使い方が重要ですが、開き過ぎると上半身が脱力し始めます。ここが難しいところです。

◉多くの人の重心は「下がっている」

子どもの重心は大人よりも高い位置にあるといわれています。これは、身長に対して頭が重く、さらに胴(どう)の割に手足が短いからです。ヨチヨチ歩きはかわいいですが、よく転びます。

重心を低くすると、安定するけど姿勢は崩れやすい。重心を高くしても、不安定になるから姿勢は崩れやすい。では、どうすればいいのか？

もちろん答えは、身体重心を55％に戻すことです（男性は56％）。

わざわざ「戻す」という言い方をしているのは、皆さんの重心が本来の位置にないからです。つまり「重心がわずかに下がって」いることに加え、さらにカカト側に寄っているからです。

皆さん、申告身長と見た目身長には、1～2㎝程度の差があります。計測時は、少しでも高く見せようとしっかり立っていますが、日常の背中は丸まっているのではないのでしょうか？

身体重心が低くなってしまうのは、身長通りに立っていないことが原因です。

脱力した重みは、背骨の椎間板（ついかんばん）を圧迫し、その時間が蓄積されることで、身長が縮んだり、腰や背骨の疾患に発展しかねません。

そこで「横隔膜」の出番。身長通りに立つには、しっかり靴ひもを結んで、呼吸に手伝ってもらうのです。

少し意識するだけで、本来の重心にアッサリ戻ります。そして重心が1～2㎝変わったら……**あなたのカカトの安全は保たれます。**

3 「まっすぐキレイ」を長く・楽しく・美しく

※立ち方の動画はコチラ

ここからは立ち方の実践編です。靴ひもをしっかり結んでいても、しっかり立つことができないとカカトの安全は保たれません。立ち方が改善されるだけで、「まっすぐキレイ」な疲れない体になります！　それでは早速まいりましょう。

ステップ1：カカトとカカトをつける

①カカトとカカトをつけ、つま先は拳(こぶし)ひとつ分開く

▼足もとのコツ

昔のパチンコ台の「チューリップ」のイメージ
足もとにも花を咲かせましょう

【解説①】なぜカカトの内側同士をつけるのかというと、足と床面との対応面積を大きく

ステップ1：カカト同士をつける

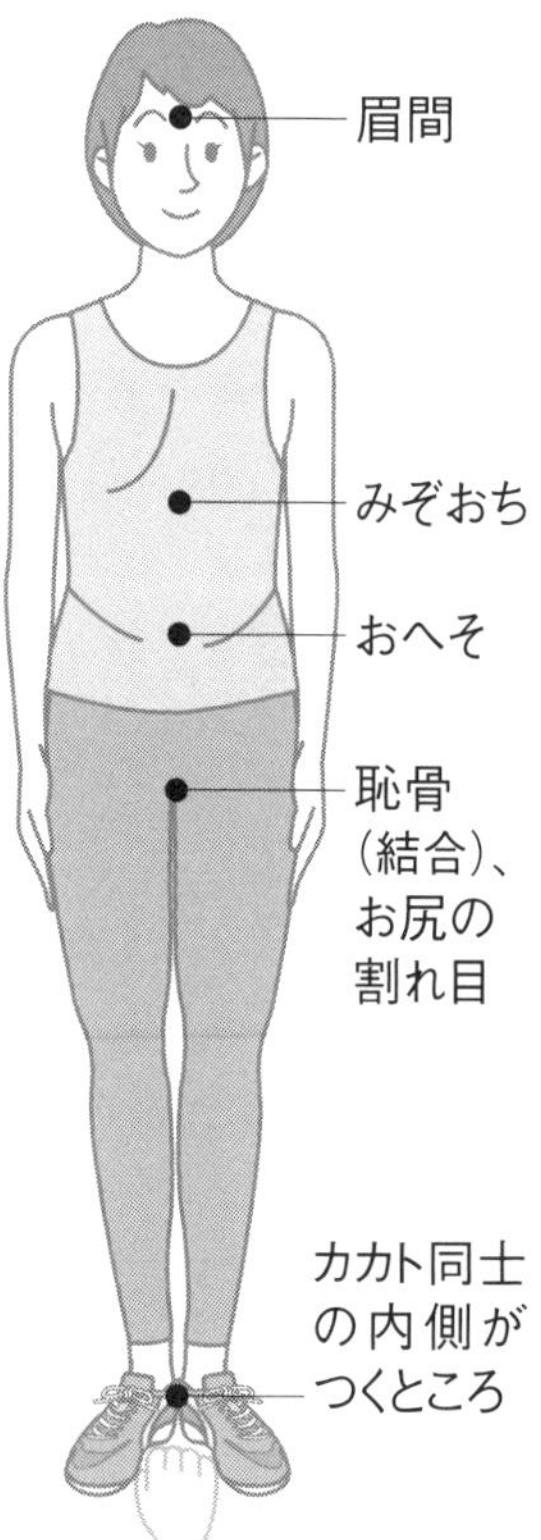

- カカトとカカトをつける
- つま先は拳ひとつ分開く
- 体の軸（●）がカカト同士の内側接合面を通っていることを意識する

して、安定させるためです。足と足のつま先を閉じて立っても悪くはないですが、少し開いたほうが骨盤は締まるポジションに入るので、中心・重心・土踏まず・安定性など、あらゆる面で有効です。

- 閉じていると、安定性限界の輪はちょっと狭い
- 少し開くと、安定性限界も広がる

【解説②】カカトとカカトの内側の接合面は、眉間やおへそなど体の中心を通っているため、姿勢の軸を感じやすいのです。

〈私が意識する箇所＝具体的な体の軸〉
- 眉間
- みぞおち
- おへそ
- 恥骨（結合）やお尻の割れ目
- カカトとカカトの内側同士がくっつくところ

ステップ2：深呼吸をして遠くを見る

①身長通りの高さに目線を置く
②鼻からゆっくり深呼吸

▼呼吸と目線のコツ

身長を「1cm高くする」イメージ

心なしかカカトが床から少し浮きます。これが本当のウキウキ気分（笑）

ステップ2：目線と深呼吸

〈深呼吸〉

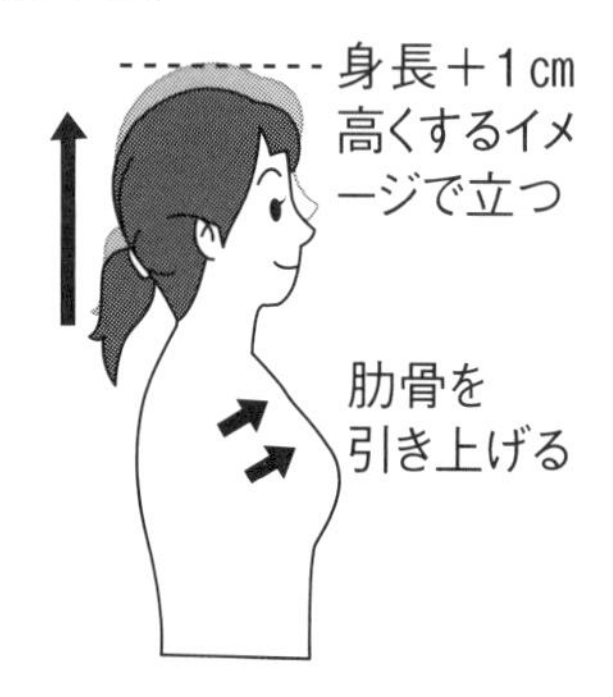

胸式呼吸で肋骨を引き上げる。
身長＋1㎝高くするイメージ

〈目線〉

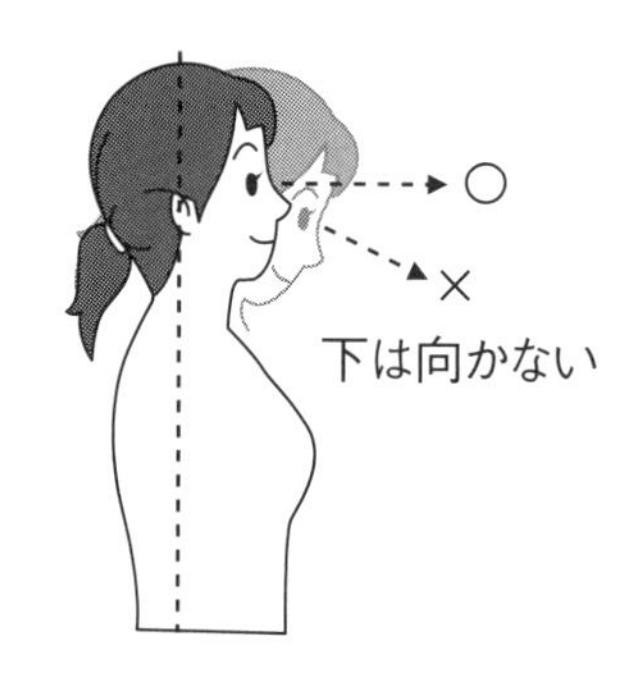

目線はまっすぐにしてお腹に
力が入る位置に頭を合わせる

【解説①】前を見るときは、なるべく遠くを見るようにしましょう。下を向きがちな人は、遠くに目標物を探して見ると良いでしょう。

深呼吸と目線をセットにするのは、深呼吸によって頭の位置が、胴体（体幹）の真上にきやすいためです。

頭部が前へ出過ぎたり、反対に顎（あご）を突き出すように頭が後ろに傾くと、お腹に力が入りません。しかし、**深呼吸によって頭部が胴体の真上にくると、不思議とお腹に力が入ります。**ですから、頭が胴体の真ん中にあるかどうかわからない方は、お腹にキュッと力が入る頭の位置を探せば良いわけです。

【解説②】肋骨を引き上げて、身体重心を本来の位置に整えます。

私は身長170㎝ですので、いつも「自分は171㎝だ！」と言い聞かせて立つようにしています。脱力する上半身が、背骨をくねくねさせます。

ちなみに、深呼吸によるガス交換は、肺を若く保つことにも貢献(こうけん)します。肺には空気を入れる袋（肺胞(はいほう)）があって、その弾力性(だんりょくせい)が失われると呼吸が浅くなります。肺自体に骨格筋はなく、横隔膜と肋間筋(ろっかんきん)、お腹や首の筋肉に協力してもらうことで、ガス交換をしています。肺炎は、死因ランキングで常に上位に入りますが、横隔膜などの筋肉をしっかり使えると、肺の中の肺胞の元気度が変わります。呼吸は、意外と侮(あなど)れないのです。

ステップ3：肘を体につけて、2本の腕で背骨のS字カーブをキープ

①両手の指をすべてからめ、その手をおへその下あたりに添(そ)える
②そのまま、肘を体のウエストにピッタリとつけ、腕を固定する
③肘から下だけおろし、脇を締める

▼肘のコツ

今日から「コンシェルジュ」になったつもりで過ごしましょう

立ち居振る舞いも変わるから不思議です

【解説①】**おへその下あたりに両手を添えるだけで**、まずグラグラしません。これが身体重心のすごいところです。どんなおばあちゃんでも、同じ現象が起こります。

【解説②】肘を体に密着させると、肋骨の一番下あたりを支えながら、「**肋骨が引き上がるポジション**」に入ります。ここの深層には姿勢維持筋である「横隔膜と腹横筋」が控(ひか)えていますから、密着させるとスイッチが自動的に入ります。同時に、上腕(じょうわん)が固定され、肋骨と背骨がロックオン。これで、姿勢は腕で固定されます。

固定されている限り、**姿勢は悪くなりようがありません**。このときに肘から下（前腕）をおろさずに、身体重心の辺りで指と指を軽く組むと、

ハイッ！　「千秋コンシェルジュ」の出来上がりです（笑）。

コンシェルジュの方で姿勢が悪い人って、あまり見かけませんものね。

ステップ3：肘を体につけて背骨のS字カーブをキープ

①両手の指をからめて、その手をおへその下あたりに添える

②①の状態で肘を体のウェストにピッタリつけて固定する

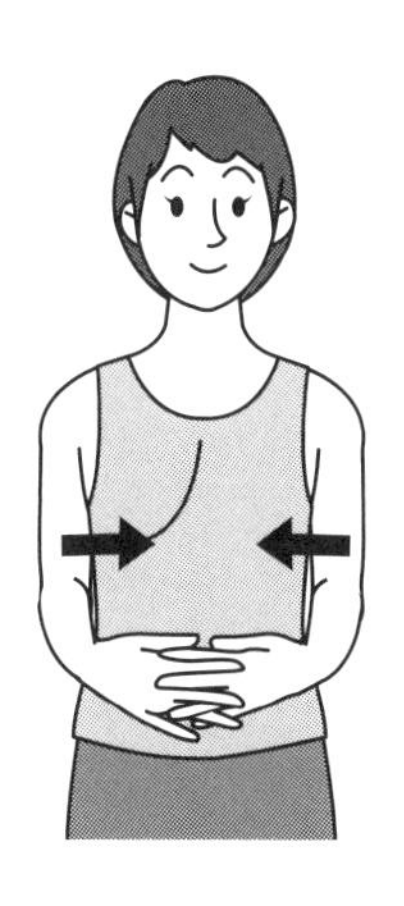

③肘から下の腕を下げて腕の内側を体にくっつける

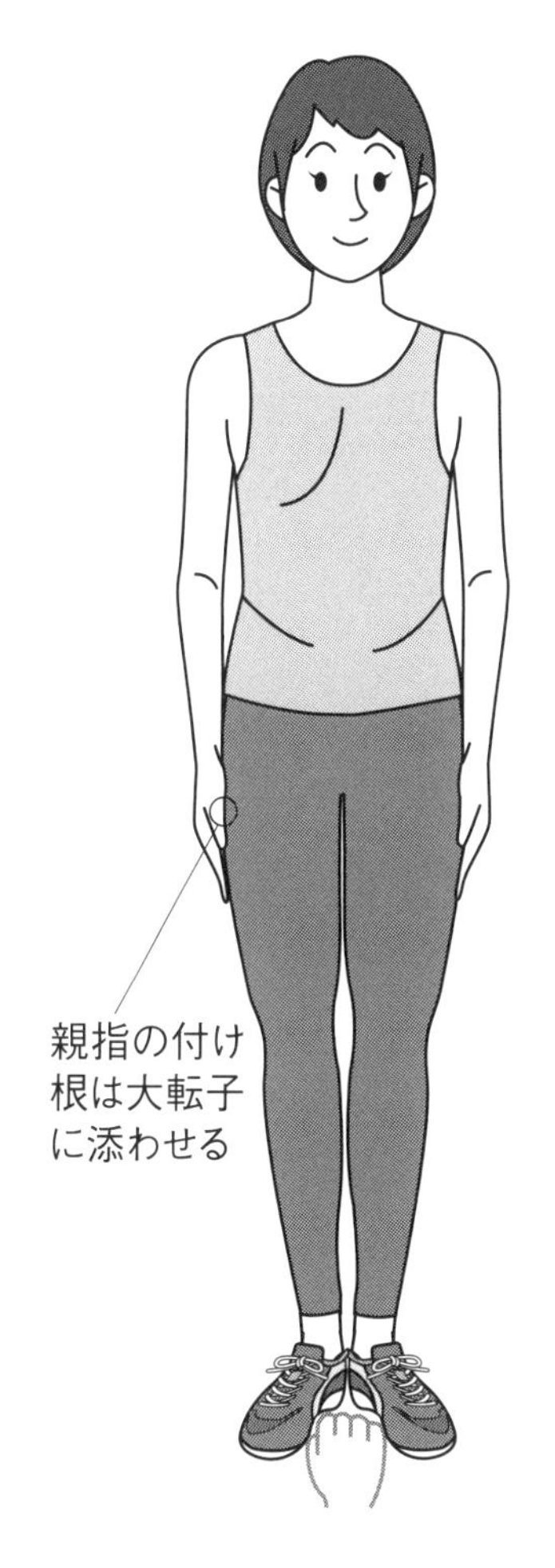

【解説③】 上腕が固定されたので、前腕（肘から下）も体に添えます。このとき、**手の親指の付け根を大転子につけるイメージ**です。すると肘は曲げられて、体幹のやや後方におさまります。

深呼吸によって本来のS字カーブとなった背骨ですが、その姿勢を保持することが難しいんですよね。そこで「三番：ショート…肘」の登場です。

姿勢維持の要（かなめ）はズバリ「肘」です。

肘が、胴体（体幹）よりも前へ移動すると、必ず姿勢は悪くなります。呼吸は浅くなります。

しかし、肘が横から肋骨を支えるように位置すると脇が締まって体幹が安定し、胸が開き呼吸が楽になります。

よく「**脇が甘い**」などといいます。これは、守りが弱い・つけ込まれやすいなどの意味です。まったくその通りで、物理的に脇が甘いと、いろいろな足や運動器疾患たちにつけ込まれやすくなります。その脇をコントロールしているのが、実は地味な職人「肘」の位置なのです。

ステップ4：恥骨で骨盤の前・後傾を防ぐ

①両手で恥骨と仙骨を軽く押さえる
②恥骨を上に引き上げる
③膝裏がゆるみ、お尻がキュッと締まって、太ももにピリッと力が入ればOK

▼チコツのコツ♪

マイケル・ジャクソンの「アオーーーッ」のイメージ

恥ずかしがらずにひとりのときにやってみましょう！

【解説①】「骨盤の正しい位置」指導では、この2か所（恥骨と仙骨）を目印とします。**ステップ3で肘位置を整えると、特に女性は骨盤が前傾しやすい**です。そこで、前傾してしまう骨盤を骨盤底筋群のチカラを借りて、フラットポジションに誘導します。

この作業を確実に行なうための、手っ取り早い骨が「恥骨」です。仙骨も、骨盤の前傾・後傾がわかりやすい目印なのです。

【解説②】恥骨を上に引き上げる＝「マイコーのアオーッ」です。

これは、志村けんさんもお上手でした（笑）。

恥骨を引き上げると、お尻もキュッと締まります。このように、骨盤が締まるために①で押さえた**仙骨あたりも締まります。このときに、臀筋群や腹横筋が収縮して、お腹に力が入りますが、背骨と腰はラク**になる感じです。


「良い姿勢を長く続けられない人」の姿勢は、お腹に力が入っていなくて、背中が緊張したままなのです。「良い姿勢は大変」ではなくて「とにかくラク！」にならないと、姿勢は正しくなりません。体の表と裏で、緊張と弛緩といった反対の現象が起こると、姿勢を維持しやすくなります。


【解説③】恥骨を引き上げると、骨盤底筋群が大忙しになって、お尻がキュッと締まります。さらに恥骨下側の太もも筋「大腿直筋」もピリッと収縮。恥骨が引き上がったことで、鼠径部が伸びて、膝裏は少しゆるみます。

これまで、横に後ろに「散らかっていたお尻」がキュッとひとつの塊になります（※8）。「骨盤まわり」の筋肉たちが動き出すと、「太もも」という大きな筋

ステップ4：骨盤を正しい位置に戻す

①恥骨と仙骨を押さえる

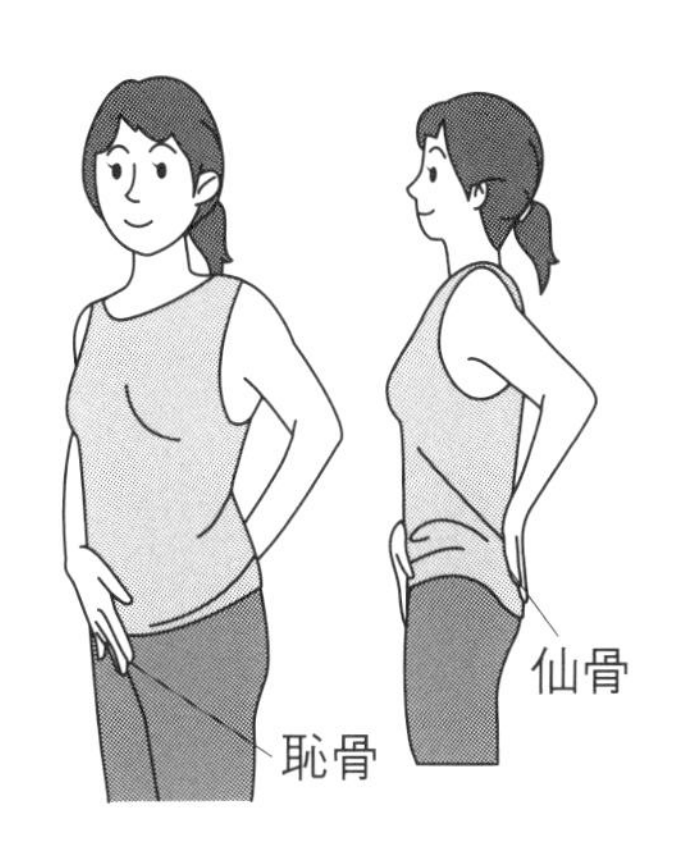

②恥骨を上に引き上げる

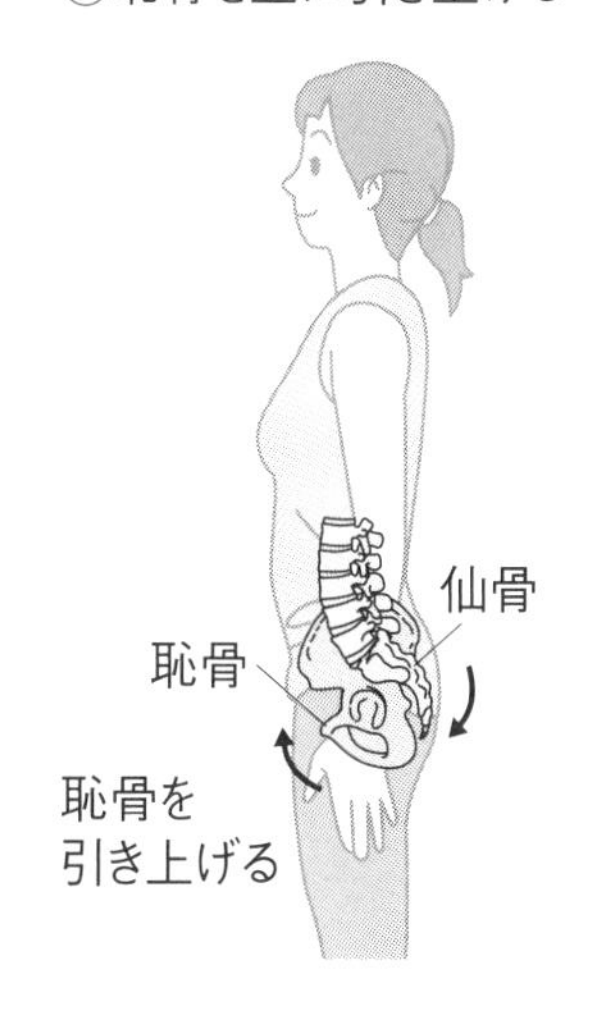

③膝裏の伸びがゆるみ、お尻が締まって太ももにピリッと力が入ればOK！

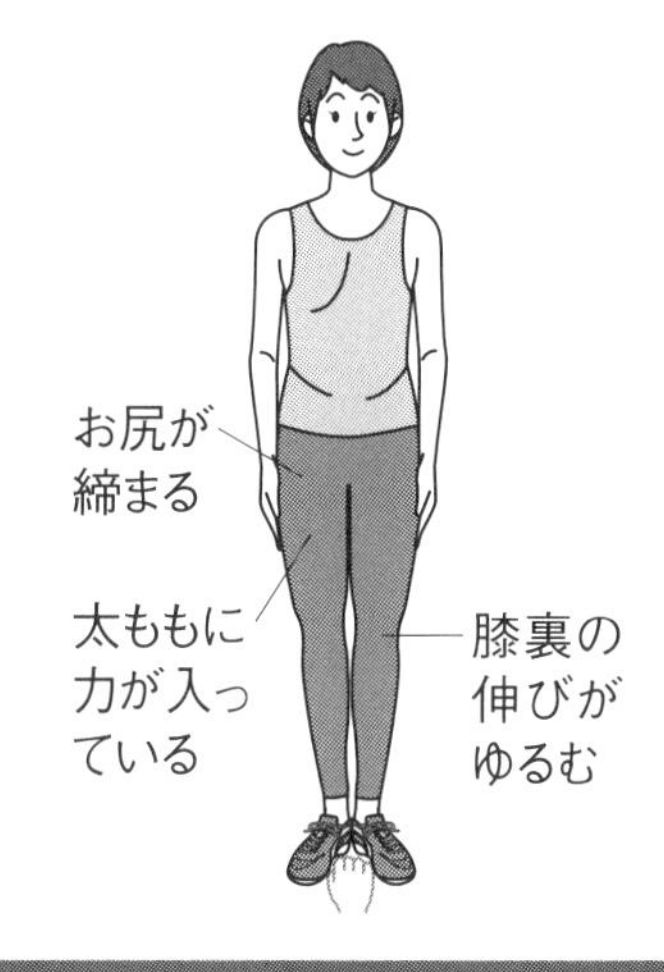

恥骨をうまく上げるポイント

マイケルジャクソンの「アオーッ」をイメージするとわかりやすい

群が、がぜん存在感を増して、くねくね曲がる背骨に「芯(しん)」をいっぱい入れてくれるのです。

やはり、足は体の土台です。上半身と下半身との連動が重要です。この上下の筋肉の働き方改革をしてあげるだけで、ラクに立つことができるようになります。そして何より、歩きにくさを解消してくれるのです。

6章

「ルンルン歩き」なら ゴキゲンな毎日に！

1 歩きを「移動」から「運動」に変える

◉楽しくないと続かない、歩く習慣

これまで「超めんどうくさい」ことを書いておいてナンですが、結局楽しくないと続きません。体重が80kg台から50kg台に落ちるまでの2年間、私が楽しく続けられたのは、**歩きが「移動」から「運動」に変わったから**です。

人は楽しそうなことに、心が動きます。結果が出れば、さらに欲が出ます。

どうせやるなら、選ぶなら、昨日よりハッピーに。カンタン・お得で・ラクになりたい。家事なら「時短」を意識するし、旅行なら「ドラマチック」に計画したいです。自分が満足できる**意味合い**が、楽しさのもとです。しかし、いきなり「運動しよう！」と思うだけでは続きません。「歩く」という行動変容は、その**人**が**ときめくこと**に引っぱられます。

健康のため、などの立派な大義名分は漠然とし過ぎて具体的ではありません。運動＝健康につながる。これは誰でもわかっていることです。しかし、「欲張りオトナ女子」の豊かな時間とは、その行動に「もうひとつの価値」を見出したいと考えています。

毎日すれ違うご夫婦は、いつもニコニコ、ときにゲラゲラ笑って歩いています。おふたりの行動はウォーキングという運動ですが、笑顔で過ごす「かけがえのない時間」なのでしょう。運動すると単純に、心と体が軽くなり考え方も、不思議とシンプルになります。

皆さんは、寝る前や散歩中、お風呂に入っているときなど、リラックスしているときに「いいこと思いついちゃった！」と閃くことはありませんか。私はお散歩を、考えを整理する時間としても活用しています。

このようなゴキゲン時間が、私たちの生活を豊かにします。歩いてみると、想像以上に気持ちが落ち着くものです。

私の場合、人生初めてのウォーキングで大失敗しちゃったけれど、間違った歩き方で、半月板は半分なくなっちゃったけれど、その失敗が仕事になって、販売という仕事が研究に変わって、たくさんの人に「ありがとう」って言われるようになって、

「歩くこと」が、いつのまにか「歩むこと」になりました。

足も、靴選びも、歩く楽しみ方も、みんな違います。

けれど、これをやると「誰でも楽しくなっちゃう」。そんな歩き方をご紹介したいと思います。それが**「ルンルン歩き」**です。

◉「ルンルン」って何?

「ルンルン」とは一言でいうと、**「蹴り出すときの、カカトと頭の上下動」**です。

蹴り出しとは、足ゆびで床を踏み返すことです。カカトの上下動とは、蹴り出すためにカカトが床から持ち上がることです。

歩くときに踏み返しとか、カカトが持ち上がるとか、そんなことは考えません。しかし、いいことがあったときの足取りって、なぜかルンルン気分ですよね? スキップするみたいに軽やかです。そのとき、カカトはどうなっていますか? そう持ち上がっています。体も上下しています。誰もが軽やかになっちゃう。これが「ルンルン」の正体です。

◉朝の背伸びから生まれた「ルンルン歩き」

背伸びとは、足ゆびだけで立つこと。

手を上にあげて、思いっきり背伸びをすると、足裏にアーチを感じます。ゆび先で立つって、意外と安定するんですよね。これは足部アーチ構造（土踏まず）が機能している証拠です。

これを利用して、足ゆびでしっかりと蹴り出して歩くと、それがオートマチックに機能して、私たちの歩行をバックアップするのです。

そして背伸びのすごいところは、もうひとつあります。それはお腹に力が入ること。背伸びをするとカカトは浮きます。しかし、体は安定しているのです。

接地面積は少なくなっているのに、安定するって、すごくないですか？

この安定感の正体は、あの身体重心（しんたいじゅうしん）（153ページ参照）です。

背伸びをすると…

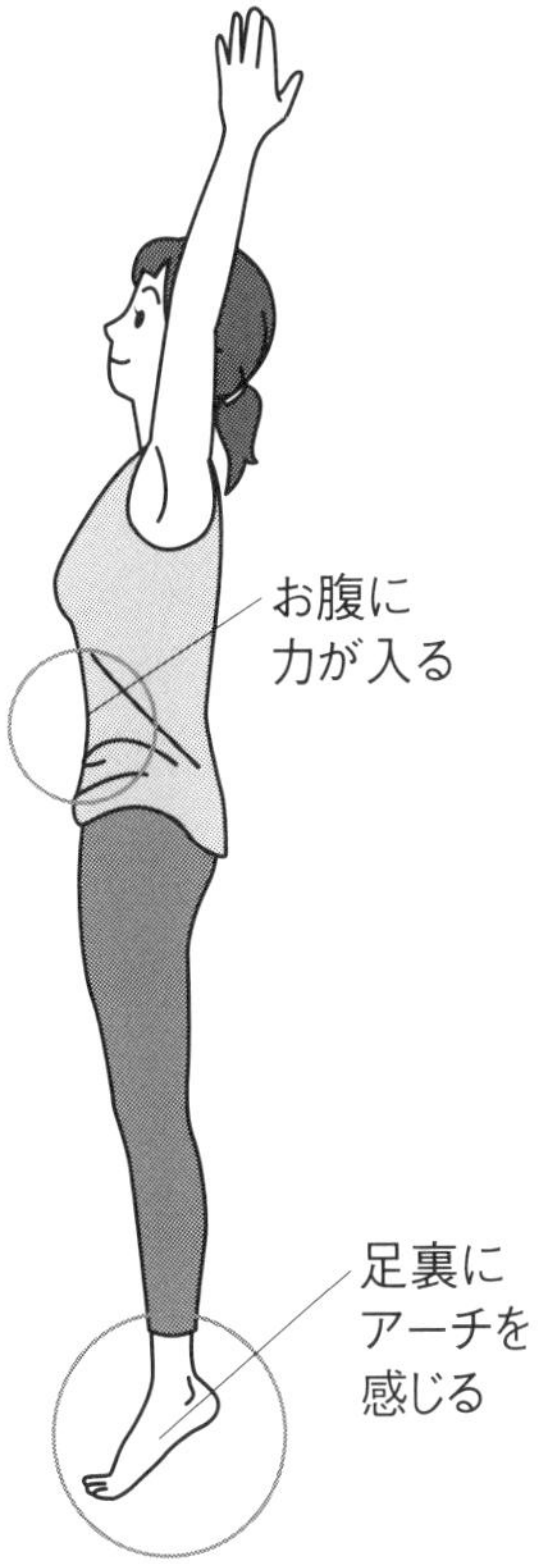

お腹に力が入る

足裏にアーチを感じる

背伸び＝足ゆびだけで立つと体は安定する

足裏アーチが機能しているから！

つまり、お腹に力が入った＝おへそ下の身体重心でバランスを取っているのです。

そこで私はひらめきました。


これを利用したら、歩きがもっと安定するのではないか？


という仮説から、10年前にこのルンルン歩きは誕生しました。

「まさか、朝の背伸びから」。そうです、ルンルン歩きの構造はとてもシンプルなのです。

◉土踏まず機能がはたらく歩き方とは

よく、歩くときに「カカトからつくことを意識しましょう」と指導されます。しかし、「なぜカカトからなのか、どのようにつくのか」については、ほとんど指導されません。

私たちは日頃、何げなく歩いていますが、本来、**カカトがつくときとカカトが離れるときにだけ、「一瞬」土踏まずが現れる**ようにできています。それは、土踏まずによって足の構造を強固にさせ、着地する衝撃(しょうげき)に耐(た)えられるようにするためです。

この仕組みを、**歩行の3フェーズ（相(そう)）**に分けて解説します。

①カカトがつく

②足裏全体がつく
③カカトが離れる

歩行はこれの繰り返しです。

図のように、この①②③で、土踏まずに変化があります。

①カカトをつくときと、③カカトを上げるときは、土踏まずの弓なりスイッチは「ON」
②足裏全体がつくときだけ、土踏まずの弓なりスイッチは「OFF」

足裏全体がつくときは、アーチがつぶされることで、足で体重を支えることができます。

しかし、ただカカトをつけば・離せば良いというわけではありません。**土踏まず機能がはたらくには、必ず「足ゆび」が使われていることが条件**です。

接地時の足部アーチ形成は、「ウィンドラスアクション」といって、足ゆびを上向かせることで起こる「足底腱膜（そくていけんまく）の巻き上げ」によるものです。

足部が荷重を受けると、アーチ構造がつぶれます。このときに、骨組みが壊れないようにはたらくのが足底腱膜です。そして、足底腱膜の弾性（だんせい）（もとに戻ろうとする力・バネ）によって衝撃吸収を行なう仕組みを「トラス機構」といいます。

歩行の3フェーズ

①カカトがつく　②足裏全体がつく　③カカトが離れる

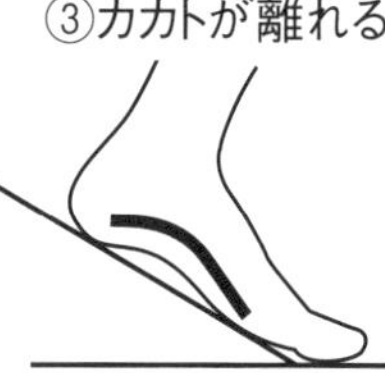

土踏まずは上がる　土踏まずはつぶされる　土踏まずは上がる

歩いているときに、アーチを活かそう

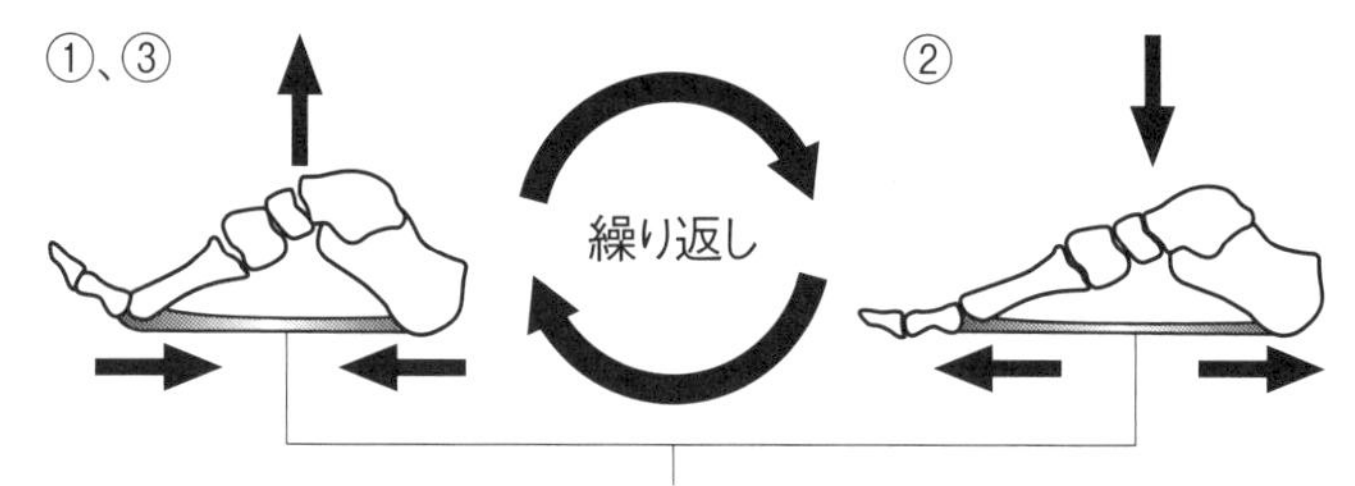

ウィンドラス機構（安定性）　足底腱膜　トラス機構（衝撃吸収）

①足ゆびを上向かせるようにすると足底腱膜が巻き上げられる（ウィンドラスアクション）

③地面を蹴るときも、足ゆびは上向きの状態となり、足がかたく強固になって、安定して蹴り出せる

②荷重によりトラス機構がはたらき、足底腱膜の弾性によって衝撃は吸収される。ここで伸ばされた足底腱膜はバネのように元の状態に戻ろうとすることで、③の前方への推進力を高めることができる

蹴り出しのときは、足ゆびで床を踏み返しながら重心移動が行なわれて初めて、足の裏にアーチが形成されます。ですから、背伸びをしたときのような「足ゆび活動」が求められるのです。このカギを握（にぎ）っているのが、**カカトをつくときの「足ゆびの向き」**です。この上向き効果で足部の剛性（ごうせい）が高まり、歩行推進力を無駄なく地面に伝えることができるのです。

つまり、歩いているときに土踏まずはつくられるわけで、

歩行の3フェーズのうち、①と③の2フェーズでアーチ形成チャンスが訪れます。

しかし、それは足ゆびを上にあげてカカトをついたり、床をしっかり踏み返したりすることでつくられるのであって、歩行中にそれがないと土踏まずは徐々に低下するのです。

◉カカトの転がりが、カカトの接地時間を長くする

「歩く」とは、片足歩行の繰り返しです。

実際の歩行は、8割が片足歩行で、両足がついているのはたった2割です。つまり、歩行能力とは片足能力であり、本来の歩く姿勢を支えるには、歩行時の筋活動が必要です。

先の、歩行の3フェーズ（①カカトがつく、②足裏全体がつく、③カカトが離れる）におい

て、足ゆび活動が減少し、重心移動が不十分な場合、カカト時間が長くなります。前述した通り、カカトは、地面の凸凹に足裏を対応させるために踵骨を外側に配置し、内外に転がすことができる柔軟なつくりとしました（45ページ参照）。

しかし、この転がりこそが「カカト時間」を長くします。

その転がりを、接地角度や素早い重心移動によって、最小限にしたいのです。

①カカトの真ん中からつく（ソフト接地）
②足裏全体がつくタイミングですばやく後ろに腕を振る（荷重を移動）
③カカトが上がる（足ゆびで蹴り出される）

変えたのは「カカト時間」です。

もちろん、歩くためにはカカトをつかないと歩けません。ですが、**ほんの少し短くすると、そこに「筋活動＝運動」が生まれます。**

深呼吸によって体幹が持ち上げられ、腕を一定の間隔で振り、手足が連動すると、カカトも一定の間隔で上がる。この体幹の上下動が、そのままカカトの上下動「ルン」となる。

どこかに痛みがある人の歩きには必ずロスがあり、このリズムがありません。そこで、それぞれのロスを削り、カカトの使い方を変えました。腕振りが一定のリズムで前後に振られるために、歩きも同じリズムとなります。

このリズムから、私は「ルンルン歩き」と名付けたのです。

◉ベストではなくベターから始めよう

やはり目安があると、わかりやすいですし、何より励みになります。

しかし、それらにしばられてしまうのはNG。ちょっと考え方をフラットにしてみましょう。次の数値は、厚生労働省が示す健康の指針と実際の現代人の1日の平均歩数です（※9、10）。

- 男性…**９０００歩以上**が目標に対し、平均は**６７９４歩**
- 女性…**８５００歩以上**が目標に対し、平均は**５９４２歩**

これは成人全体の平均ですので、高齢になるほど歩数は少なくなります。

しかし、実際は「平均に到底及ばない」という方が、足と靴のトラブルを訴え、来店されます。もちろん、痛いから歩けないということもありますが、よくよく聞くと、**習慣的に歩いていない**ことがわかります。

- どこに行くのにも車が多い
- スーパーではカートを使いがち
- 家では座っている時間が長い

そんな生活習慣が目立ちます。

確かに、仕事・学校・自宅などの所属先は、そうそう変えることができません。**しかし、靴と歩き方は違います。変えることができるルンです**（笑）。

このルンルン歩きは、**ひも靴ができる最大のパフォーマンス**を研究し、考案したものです。そこで、**歩数という量よりも、歩行の質を高める**ことから歩きへの関心を高めていただきたいのです。

トイレまでの数歩、階段の上り下り、ゴミ出しまでの数百歩、スーパーでのダラダラ歩き……たとえ数歩でも一歩は一歩です。その一歩を大切にできなければ、８０００歩歩いたとしても、間違った歩行によって関節や筋肉への負担を蓄積（ちくせき）するだけでしょう。

量より質。慣れていないからこそ、初めは20分、2000歩からです。

何かを始めるときは、その仕組みづくりが継続のカギを握っています。しかし、**新しいことのほとんどが続かないのは、その仕組みが立派過ぎるからです。**

■ウォーキングを始める。ではなく、コンビニまでだけは徒歩にする

■ウォーキングを始めるから靴を買う。ではなく、下駄（げた）箱にあるひも靴を履き、毎回結び直す

■朝早起きをして歩く。ではなく、最も体温が高い夕方（または午後）に歩く

このように、**ベスト（最高）ではなくベター（より良い）を選び、ワースト（最悪）を避ければ、まずはスタート合格**です。

歩数を稼ぐのではなく、歩行の質を見直す。それが継続へのベストな方法です。

◉「おへそビーム」はまっすぐに

歩行のラスボス（一番手ごわい敵）は**「前後左右へ自由に動きまわる三次元の動き」**で

す。この最強の敵は、歩行が運動ではなく単なる移動となっている、私たちの弱点をついてきます。この弱点に「推進力＝ルン」で対抗しましょう。**その弱さをはかる簡単な方法が「おへそビーム」です。**

【やってみよう】

①いつも通り歩いてみます
②次に、「おへそ」に手を当てて歩いてみます
するとき、②はいつもより安定することがわかりますね？

このとき、おへそに当てた手から「床と平行な1本の線」が、**まるでビームのように一直線にのびていることがわかります。**これを「**おへそビーム**」と名付けます。この安定感の獲得は、身体重心に近い、おへそを意識しているからです。

しかし、次の3つのタイプは、このおへそビームがまっすぐになりません。

①**背筋を伸ばしすぎてのけぞる、いばった部長タイプ（全国の部長さんごめんなさい）**
↓おへそが上方向を向くので、おへそビームは縦方向のびりびり線となります。

床と平行な「おへそビーム」と平行でない「おへそビーム」

①背筋を伸ばしてのけぞる、
いばった部長タイプ

床と平行な「おへそビーム」

②腕をいっぱい振る、ブンブン
タイプ

③足音がドンドンと大きいドン
ドコタイプ

②腕をいっぱい振る、ブンブンタイプ

↓体も左右に振られるので、おへそも右へ左へと左右に振られ、おへそビームは横方向のびりびり線となります。

③足音がドンドンと大きい、ドンドコタイプ

↓上半身が脱力していると、姿勢や腕振りに関係なくカカトがいじめられます。おへそビームは縦横線となり縦横無尽（じゅうおうむじん）なこの動きは、規則性すらありません。

やっぱり**カカトの扱（あつか）いが悪いと、最悪のパターン**になります。5章で実践した「立ち方」を活用ができないと、歩く前のデフォルト（初期設定）が、実際の歩き全体を乱す原因となるのです。

◉「歩隔」は広くしすぎない

「歩隔」と書いて「ホカク」と読みます。これはあまり知られていません。

歩くときの、足と足の前後の距離は「歩幅」と言いますが、歩隔とは足と足の左右の距離のことです。

よく、「**あ、この足音は〇〇さんだな？**」ということがありませんか？

これは超能力でも何でもなく、あなたの「足音データベース」から引き出される「音による歩行分析」です。

足音に特徴がある人は、だいたい足音が大きかったり、カカトを引きずったりと、足の上げ下げに問題があるので、**足と靴のトラブルが多い傾向にあります。**

足音（衝撃音）の特徴（音による歩行分析）は、次の通りです（※11）。

■足音に左右差がある
↓右か左の下肢（股関節から下）に異常がある可能性がある

■どちらか一方の音が大きい
↓音が大きいほうの足は短い可能性がある

■どちらか一方の音が短い
↓音が短いほうの足に痛みがあり、それをかばって支持時間を短くしている可能性がある

「歩隔」とは

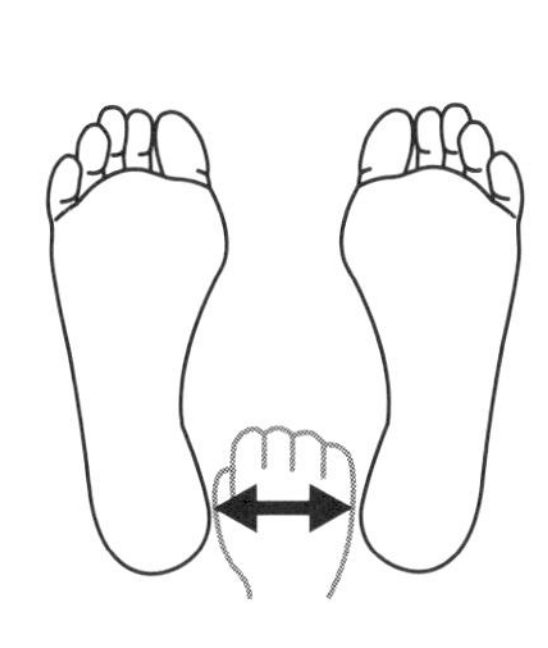

左右の足の距離のこと。歩くときは拳ひとつ分開くのが理想的

このいずれの場合でも、歩隔は広くなる傾向が強いのです。歩隔は足と足との間というよりも、カカトとカカトの間です。このカカトとカカトに「距離」ができてしまう原因は、姿勢（地面への荷重状態）にあります。

■のけぞる（後傾（こうけい）姿勢）
■足が上がらず体が左右に揺れる（左右ブレ）

といった前後左右の動き、左右への動きによって多く発生するからです。ウォーキングをするときに、歩幅や速度を気にする人は多いですが、足と足との距離「歩隔」は、ほとんど意識されません。

しかし、歩隔の重要性を無視し続けると、体のアライメント（骨や関節の配列）が乱れます。早く疲れたり、どこかに痛みが出たりして、歩くことから遠ざかってしまうのです。

歩隔は、お金と同じで（ちょっと言い過ぎかな）**あり過ぎても、なさ過ぎても、あなた**（の歩行）**をダメにします**（ちょっと怖い）。

でも、大丈夫。歩き始めるときは、おへそビームを思い出して！　おへそを意識してから歩行をスタートすると、うまくいきますよ。

◉歩くとき、肘は曲げる？ 伸ばす？

よくある質問です。

歩くとき、
①肘（ひじ）を90度に曲げて歩いたほうがいいのか？
②肘を伸ばして歩いたほうがいいのか？

答えは、①と②を足して2で割った感じ。つまり中間です。

それぞれのメリット・デメリットは次ページの表の通りです。

そもそも、なぜ腕を振らせるのか？　それは主に、推進力（前へ進む力）と、バランス調整（安定性）です。手も足も、体の前にそれが位置したときに、バランスを崩しやすくなります。同時に推進力は減少します。

姿勢力＝体幹のバックアップ力、でしたよね？　この上半身の姿勢をキープするために、

腕を曲げたときと伸ばしたとき、それぞれの長所・短所

○肘を90度に曲げて歩くメリット
- 体幹から腕が離れないため、体をコンパクトに使える
- 手足の連動がしやすく、足が上がりやすい
- 肘を曲げて歩いたほうが、正しいフォームが早く身につく

×肘を90度に曲げて歩くデメリット
- 肘の90度をキープしようとすると、肩が上がりやすい
- 脇があいて左右に振ると体も左右に動き、脚部は内旋、歩隔が広がり踵に負担がかかる
- 「ザ・ウォーキング」というフォームが垢抜けない。

○肘を伸ばして歩くメリット
- 腕を後ろに引きやすく、推進力が増す
- お腹まわりにねじり運動がでるので、ウエスト部の運動効果が高い
- 動きが大きく、単純に手足が長くキレイに見える

×肘を伸ばして歩くデメリット
- 肩関節が硬いと、後ろに振りにくい
- 腕を後ろに引けずに左右に揺られる、体が揺れてお腹に力が入らない
- 体幹から手が遠くに離れ、腕の動きに規則性がなくなると、足が上がらなくなる
- 前へブンブン振られてしまうと、元気そうには見えるがカッコ良くはない

「腕」を前後にまっすぐ振らせて、**「ここから外側へ体が動いちゃダメだよっ」**という安全柵の役割を果たします。

例えば「ピッカピカの一年生」みたいに腕が体側でシャキーンッ！　としてしまうと、肘や肩関節まわりに負担が多くなります。どの関節もピーンと伸ばされ過ぎていると不快で、反対に少し曲げられていると負担なく機能します。腕を後ろに引くと、自然と肘は曲げられます。引くときは、

このくらいの曲げ角度で丁度いいのです。

では、手の指先が最後方（さいこうほう）にきた瞬間はどうでしょう？

このとき、肘は伸ばされますね？　このように曲げたり伸ばしたりを繰り返すから、筋活動に偏（かたよ）りが出ません。曲げたら伸ばす、伸ばしたら曲げる。これは体を痛めない運動の基本です。それでも皆さん、前へ振り過ぎます。そこで振り過ぎない目安は「前へならえ」です。

前へならえ、をしたときの指先は、ここまでは振っても大丈夫です、という目安です。これ以上振ると、その前振り滞空時間が長くなり、反対の足が上がってきてしまいます。本来は足上げ最高点で、指先が最後方に位置するはずが、後ろに腕を振り切れていないので、推進力が打ち消され、**自由に動きまわる三次元の動きを誘ってしまう**のです。

◉腕を振るときのポイント

いばった部長（「おへそビーム」参照）にサヨナラするには、**リズムがポイント**になります。音による歩行観察では、足音に一定のリズムがないことで、異常歩行を察知します。

ルンルン歩きは、腕振りを一定のリズムで行なうことが重要です。一定のリズムにするには、「とあるところ」の距離が一定である必要があります。

それが、**肋骨（あばら骨）と肘との距離**です。

- この距離が前後に大きいほど、手足の連動が崩れる
- この距離が左右に開いているほど、脇が甘くなる
- この距離に左右で差があると、体が傾く

すべての場合でリズムは乱れます。

したがって、肘がいつも同じところを通過して、肘がいつも同じところまで後ろに引ければ良いわけです。

腕振りのポイントは、上腕を肋骨から離さないこと。肋骨を境に、肘が等間隔で振り子のように運動することです。

そのための**意外な立役者が「手の親指」**です。

基本、手は体と垂直に置きます。親指を進行方向に向かって前後すれば、上腕（肘より上）は肋骨から離れません。親指が内外に不規則に向けられると、脇が甘くなります。

腕を振るときは、肘を体のそばで前後に振らせることが大事なんですね。その軌道が一定のリズムで前後に振れればバッチリ。あなたは颯爽と歩いているはずです。

◉コンパクトウォーキングのすすめ

私はルンルン歩きを通して「**コンパクトウォーキング**」なるものを推奨(すいしょう)しています。よく「大股で歩くほうが運動に良い」と思われていますが、それは安定性に欠けます。

コンパクトウォーキングは、より少ない力で体を動かしやすくし、効率的に運動を行ない、より長い時間、遠くまで歩けることを目標にしています。体力の消耗(しょうもう)を少なく燃費良く歩くことは、地球にも歩きにも良いわけです。

これは**慣性モーメント**（運動を持続しようとする力）**を小さくする**ことで解決できます。例えば、27インチの大人用自転車と、20インチの子ども用自転車では、子ども用の自転車のほうが、カンタンにこぎだせますね？

このように慣性モーメントとは、物体の動かしにくさとか、止めにくさを決める量で、大きいほど動きにくく、止まりにくい性質を持っています。

陸上競技の１００ｍ走の選手は、前後に腕を大きく振り、マラソン選手は、体の近くで腕を振ります。腕をたくさん振ると、速度が増します。そしてたくさん腕を振って速く前へ進むには、より大きな力が必要です。

しかし、ウォーキングや普段の歩行は、高速移動を目的としていないので、足の回転数（歩数）を増やし、歩幅を狭(せば)めて安定性と持久性を高めたほうが安全です。

その点、100m走の短距離選手は、大きく前後に腕を振っても、鍛(きた)えられた筋力で大きなパワーを生み出すことができます。そして素早く手足を伸ばしたり、折りたたむことによって、あのスピードを出しているのですね。

つまり、**大股で歩くことは慣性モーメントが大きくなるので、より大きな力が必要かつ姿勢が崩れるリスクのほうが高い。**安全性を高め、力を温存したほうが持久力は高まります。回転数（歩数）を増やし、大股ではなく歩幅小さめにすると、フォーム、運動量、安全性、すべてがうまくいく。このように、どんなスポーツでも体をコンパクトに使うと、運動パフォーマンスは向上します。

このとき重要なのが、体をいったん、折りたたむようなコンパクトな時間をつくること。これにより次の動作で、推進力などの運動性を高めることができるのです。

先ほど**「腕を体の近くで振る」ことをすすめたのは、前後に振った腕を折りたたみやすくするため**だったのです。

羽生結弦(はにゅうゆづる)選手の華麗(かれい)なジャンプやスピンも、北島康介選手の平泳ぎも、いったん体を折りたたんでいるからこそ、あのパフォーマンスが生まれるわけですね。

だから、コンパクトウォーキング＝ルンルン歩きでは、**広過ぎない適正な歩幅で歩くこと**を重要視しているのです。

2 ルンルン歩きをやってみよう！

※歩き方の動画はコチラ

これまで、カカト・カカト・カカトと「耳にカカトができそう」なくらい、さまざまな形でその大切さをお話ししてきました。ここまで読んでくださり、本当にありがとうございます。

ここまでご紹介した足も靴も歩行も、「すべてはカカトのために」はたらいています。土踏まずも、第二楔状骨（けつじょうこつ）も、ヒールカウンターも、ころしも、靴ひももも、ファブリツィオ橋も、要石（かなめいし）も、呼吸も、横隔膜（おうかくまく）も、肘も、恥骨（ちこつ）も、おへそビームも、すべてはカカトの負担を軽くするため、です。

あともう少しだけ、お付き合いください。

「歩く姿勢＋手足の連動＝歩行」と考えると、**歩き方とは、その時間的・空間的配置方法である**、ということになります。ですからあとは、**いつ、どこに、何を、置けばいいのか？**だけ。

さぁ、クライマックスはすぐそこです。

あなたの歩きをルンルンにしましょう。

準備：歩く前に姿勢を整える——まずは振り返りから

靴の履き方は第4章130～139ページ、立ち方は5章167～178ページを参照して、歩く前の姿勢を整えましょう！

ステップ1：カカトをつく——大事なカカトを痛めない方法

①カカトの真ん中から床につくイメージで
②カカトは、やさしく接地する
③足ゆびを上げて、ソフトに接地する

【解説①】カカトの真ん中から床につくイメージです。カカトの真ん中とは、後面から見た真ん中です（実際には靴のカカトの底の真ん中）。

ポイントは、いつもより、腿（もも）を少し上げること。

これでほとんどのカカトの転がりを解消できます。

ステップ1：カカトをつく

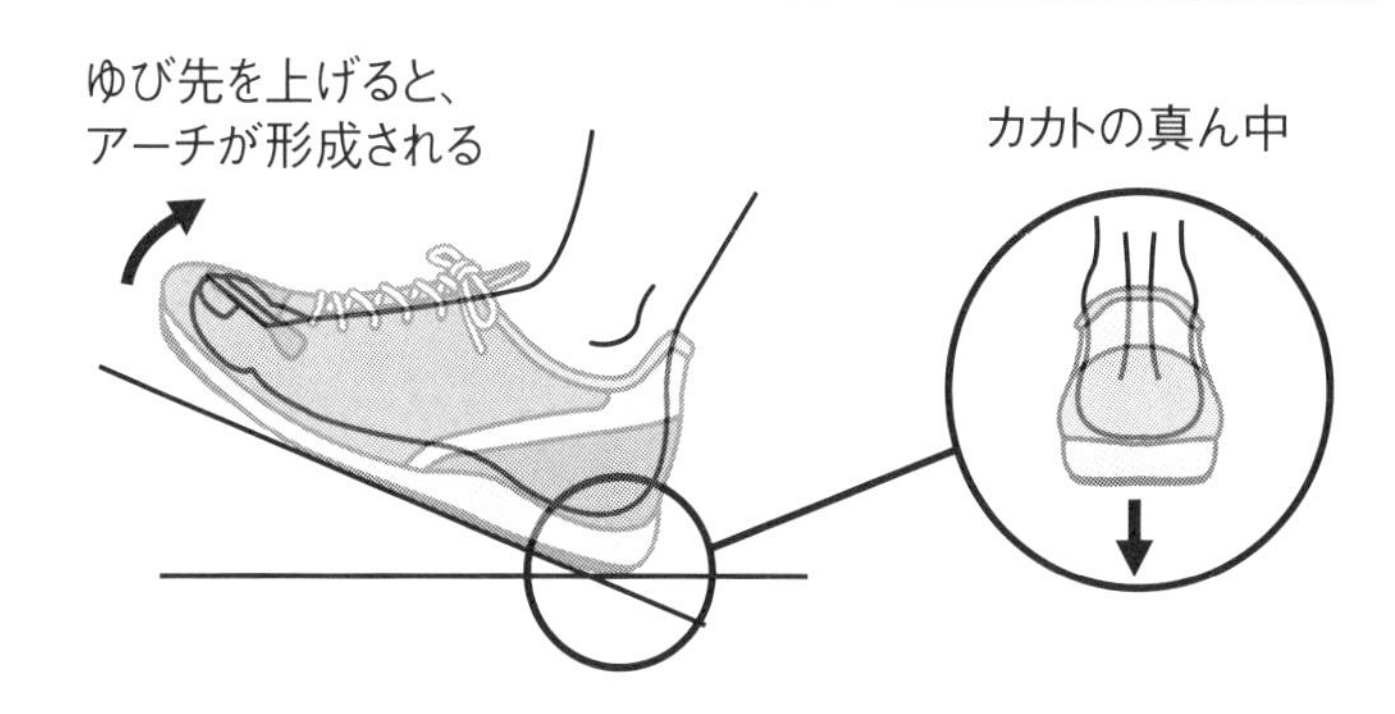

カカトの真ん中からつくコツ

腿をいつもより5mm上げるつもりで上げる。
足踏みしてから歩き出すと足が上がりやすい

足幅が広い・細い、カカトが小さい、靴のカカトが片減りする、歩行が不安定である、長い距離を歩けない、ペタペタと歩く……これらの足は、**靴の中で踵骨がたくさん転がされている可能性が高い**です。

その不安定さを改善したいのに、わざわざ内外からカカトをついてはもったいないです。

【解説②】カカトは、やさしく接地する。**ポイントは、歩幅を出し過ぎないこと**。やる気が勝って「ドン、ドン」と打ちつけないことです。

足部で吸収しきれなかった衝

撃を、膝（ひざ）・腰・股関節（こかんせつ）が肩代わりする羽目（はめ）になりますので注意が必要です。

【解説③】足ゆびを上向かせて、カカトをソフトに接地したら、すぐに体重移動をさせましょう。躓（つまず）くときは、大概つま先からつっかかります。この場合、足が上がっていません。そのためにも、ゆび先を上げておくと安全で、さらにアーチ（土踏まず）がハッキリ感じられますね？　これにより、足骨格の強度が増し、着地する衝撃に耐えられるのです。

ステップ2：前後に腕を振る――腕はどこまで振ればいいか

①右足を前、左足を後ろにして、前後を足長ひとつ分空ける
②左腕は前に、右腕を後ろに置く
③このとき左足カカトを床から上げ、右足の真上に体を置く（右足に体重を移動させておく）
④左腕は右足のつま先あたり、右腕は左足カカト後方あたりを目安として前後に振る

ステップ2：前後に腕を振る

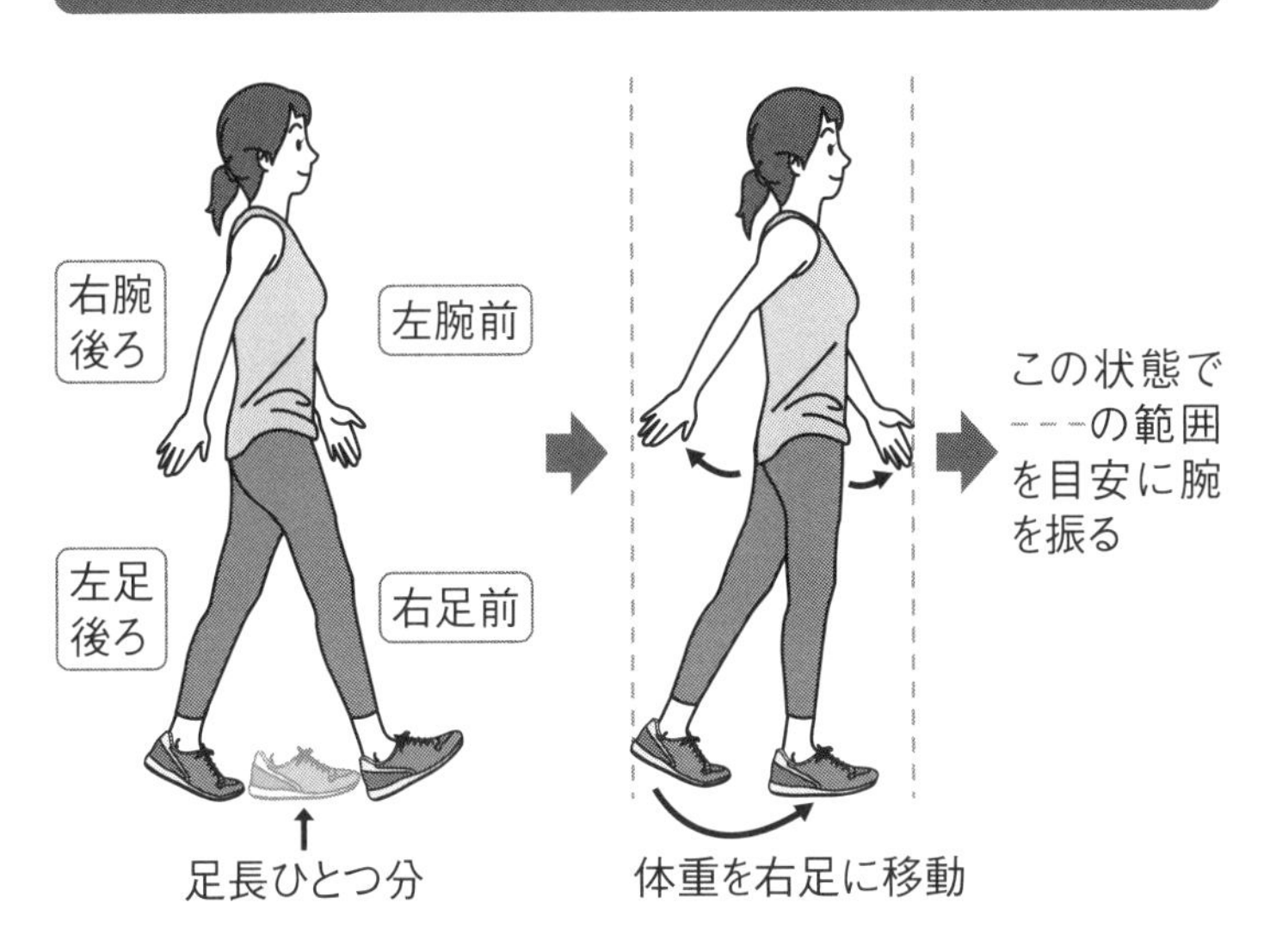

実際に歩く様子

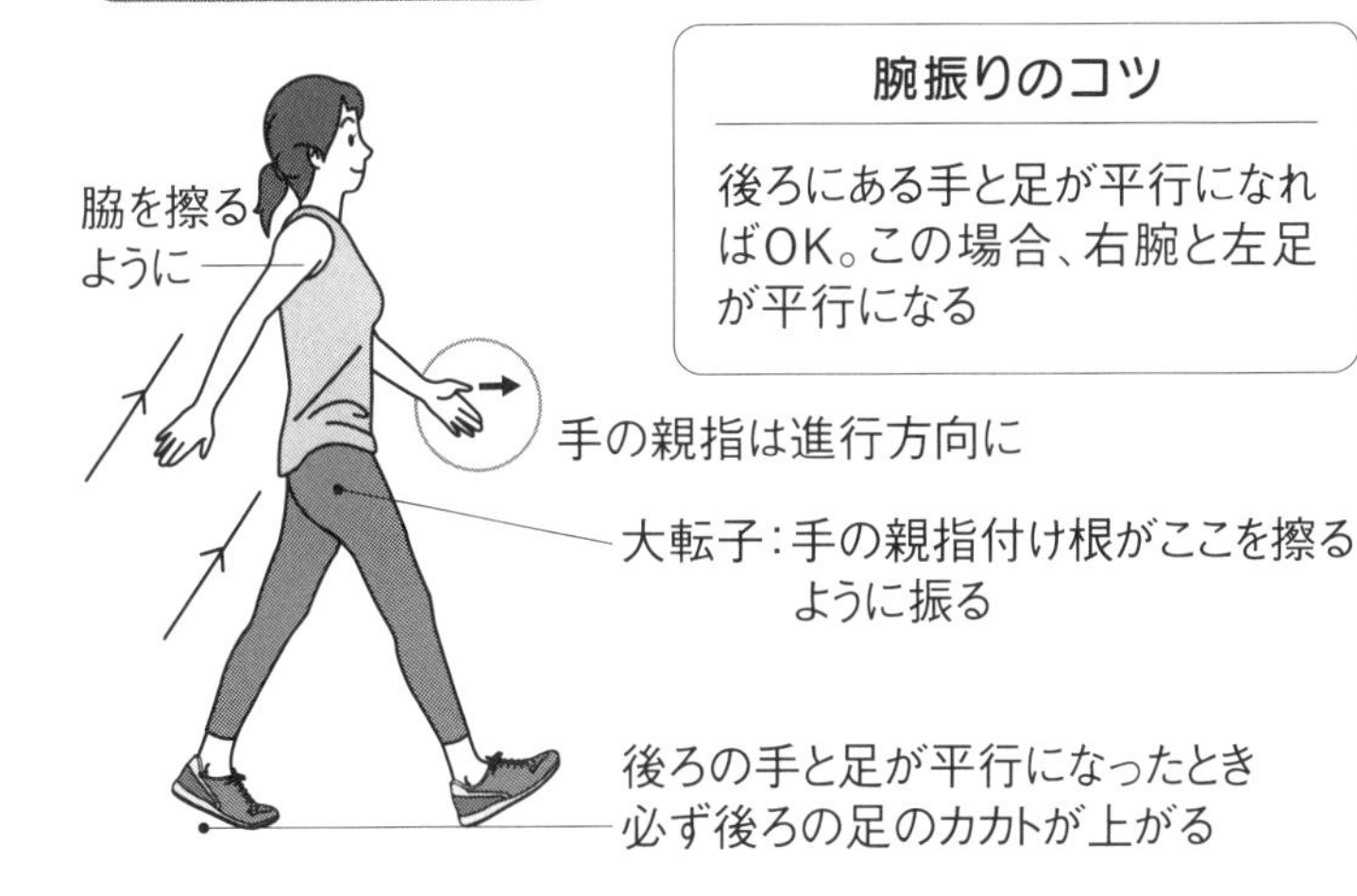

腕振りのコツ

後ろにある手と足が平行になればOK。この場合、右腕と左足が平行になる

どこまで振ったらいいか理解できたら、実際に歩いて前後に腕を振ってみましょう。

最大ポイント：後ろの手と足が平行になったとき、必ず後ろの足のカカトが上がる

サブポイント①：脇を擦るように、腕を前後に振る

サブポイント②：前に出す腕は「前ならえの位置」まで振って良し、とする

サブポイント③：手の親指は、進行方向に向ける

サブポイント④：手の付け根が、大転子の外側を擦るように前後に振る

【解説】足上げ最高点（太ももが一番高く上がるところ）にきたタイミングで、後ろに振った手の指先が、最後方に位置するようにしたい。この最後方の目安が先の「平行になるポイント」なんですね。ここに到達すると、上がった足はお腹の近くに接近。体がたたまれます。

このように一旦コンパクトになることで、推進力が最大となり、カカトが上がります。

腕は体側から離れないことはもちろんですが、親指が常に進行方向を向いていると、肘が自然と曲がり、腕を真後ろに引きやすくなります。

このとき、私は上腕三頭筋を後ろの人に見せつけるように歩いています（笑）。さらに、その親指の付け根が大転子横を擦るように前後させると、歩きに安定感が増して体が上方向に持ち上がりやすくなります。

ステップ3：しっかり蹴り出す──右足からカカトをつく場合

①接地する際は、右足ゆびを上にあげるようにして右カカトはソフトにつく
②右足底に体重がのるように重心を移動すると、左カカトが上がり始める
③右の腕を後ろに引くと、左足ゆびで蹴り出され、カカトがしっかり上がる
④左右の足と、両腕も体の近くに引き寄せ、いったんコンパクトに体をたたむ
⑤左のカカトがつく（繰り返し）

ポイント①：接地する足とは反対の足のカカトが上がっているとうまくいく
ポイント②：左腕を前に出していいのは「前ならえの位置」まで
ポイント③：右手の指先が最後方に

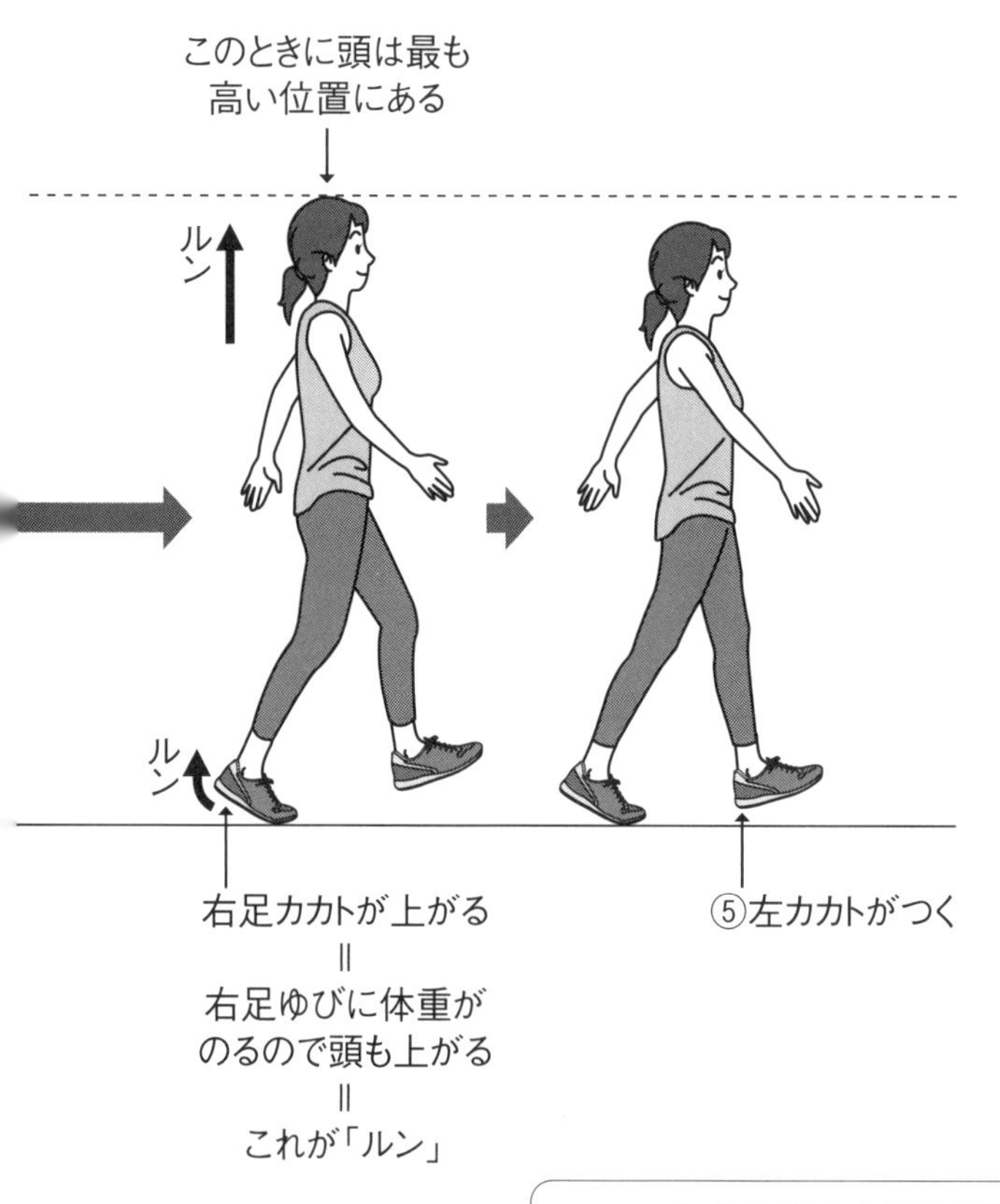

カカトを上げるコツ

足ゆびに体重のせたら自動でルン♪
カカトはついたらすぐ離す!

「ルンルン歩き」をやってみよう！

★ルンルン歩きは「スキップ」の一歩手前のイメージ。両足が完全に離れず、どちらか片方がついて歩くと考えればわかりやすいはず

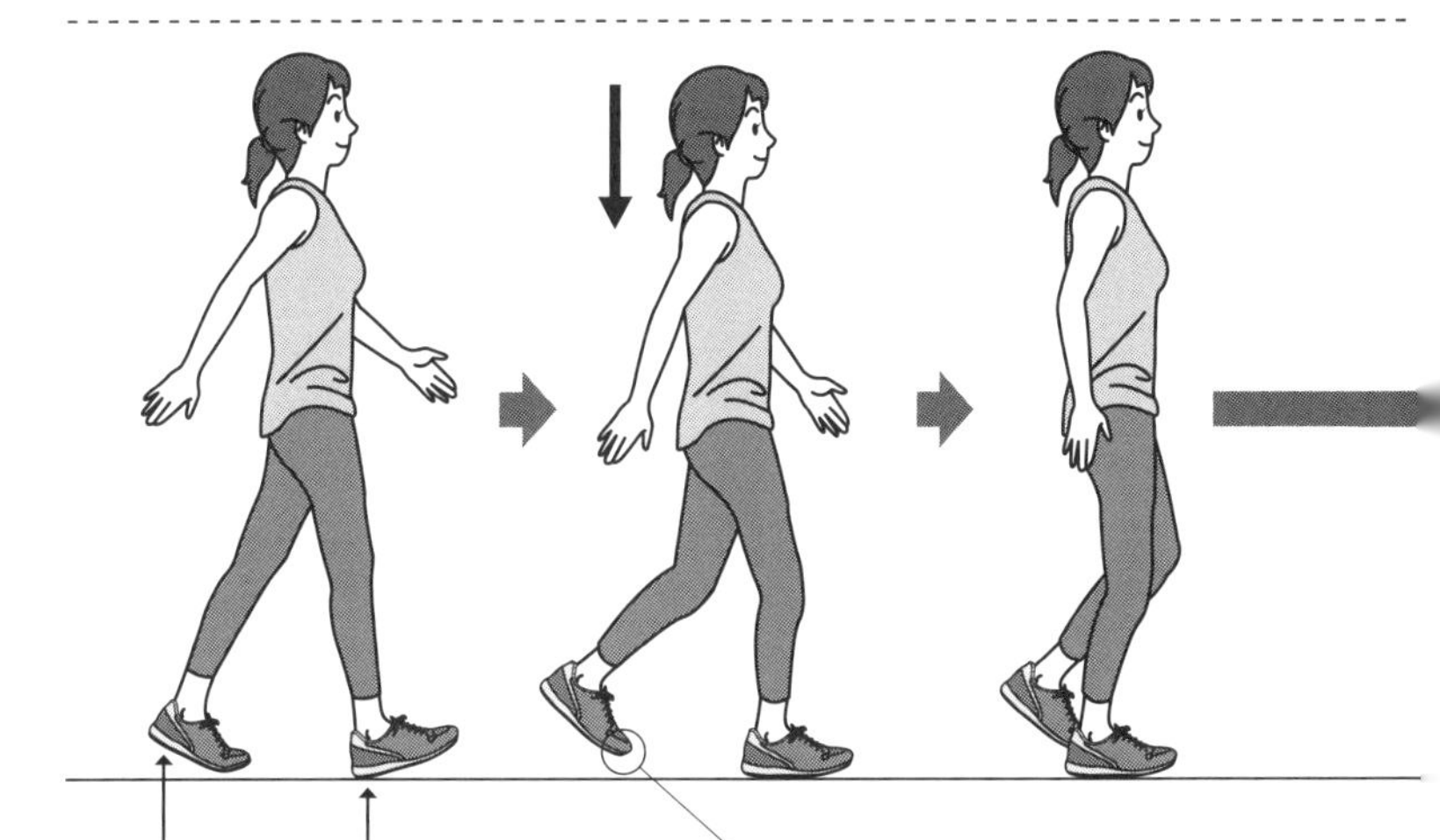

②左カカトが上がりはじめる

①右カカトをソフトにつける

③右腕を後ろに引いたため、左足で蹴り出され、カカトが上がる

④体を一旦コンパクトにたたむ

【解説①】ひとつ目のポイントは、右腕をしっかり後ろへ引きます。すべてはここにかかっています。
この十分な引きがないと、右足ゆびに体重がのりきらないうちに、左足が出てしまいます。

【解説②】カカトはついたら、すぐに離すことです。接地するときの角度を、前へ進む勢い＝推進力に変えます。この角度をうまく利用します。足底がついたらカカトをすぐに上げ、床についている時間を極力カットします。

【解説③】3つ目のポイントは、カカトが上がる（ルン）ときに、頭も上下運動が起こります。この上下運動が背筋を伸ばし、体幹をバックアップするため、姿勢に軸（じく）が入ります。結果、**自由に動きまわる三次元の動き**は打ち消され、「ルン」でラスボス（一番手ごわい敵）を倒すことができるのです。

◉20kg以上の体重減！ みんな知りたいそのヒミツ

ルンルン歩き、いかがでしたか？

この上下動が楽しくなっちゃいますよね。でも私、大事なことを忘れていました。体重の話です。

- 靴屋さんになって3か月で、7kg減
- ルンルン歩きを心がけて、2年で20kg以上減

体重が減ったその理由はカンタンです。それは、**「足ゆびの上を体幹（胴）が通過するとき、お腹まわりの筋活動が最大になったから。それを両足で1日5000回以上毎日やったから」**です。

足ゆびに全体重がのったときに、必ず体幹が、その上を通過します！

ルンルン歩きによって足ゆびの上をお腹が通過するたびに深呼吸したら、お腹まわりが**「網で焼いたお餅」**みたいに引き伸ばされて、お腹からお肉が落ちていきました。

これはつまり、**歩き方次第で「筋トレ」にもなる**し、逆に重心移動が起こらないと**「ポッコリお腹、促進行動」**にもなるということです。

歩行は、1日4桁を超えるスーパーエクササイズです。

たとえ、5000歩だったとしても、同じ運動で、1日4桁を超す繰り返し運動は、ほかにはなかなかありません。
「歩行」は、歩くたびに体幹を強化してくれます。カカトが上がって5本の足ゆびに私の全体重がのるたびに、

一瞬だけ「シュッ」と細くなる!
この世紀の大発見に、私は感動したのです（笑）。

恐るべし、カカト。
愛すべき、カカト。

「靴選びはカカト選び」

あなたの足もとを もっと軽やかに。
あなたの人生の歩みに キラめきを。
心から、そう願っています。